高等学校文科类专业"十一五"计算机规划教材

根据《高等学校文科类专业大学计算机教学基本要求》组织编写

丛书主编 卢湘鸿

计算机应用教程（第6版）
（Windows 7 与 Office 2003 环境）
习题解答与上机练习

潘晓南 主编

张 京 游语秋 陈 洁 编著

清华大学出版社

北京

内 容 简 介

《计算机应用教程(第 6 版)(Windows 7 与 Office 2003 环境)》是根据教育部高等教育司组织制定的"普通高等学校文科类专业大学计算机教学基本要求"最新版本中有关公共课的基本要求编写的,可作为高等学校文科类专业及其他非计算机专业的计算机公共课的教材。

本书是上述《计算机应用教程》(简称主教材)的配套用书,内容包括主教材的习题及习题解答和上机练习题的操作指导。全书共分 12 章,与主教材的前 12 章相对应,即计算机基础知识、中文操作系统 Windows 7、中英文键盘输入法、文字处理软件 Word 2003、电子表格软件 Excel 2003、多媒体基础应用及 PDF 格式文件、图像处理软件 Adobe Photoshop CS4、演示文稿制作软件 PowerPoint 2003、网络基础知识、Internet 的使用、信息检索与利用和网上虚拟空间。

本书对主教材某些章节的习题进行了补充,特别是增加了实际应用性强的上机练习题。本书可以作为主教材的辅助用书,也可以单独作为学习计算机知识和应用的读者的自学用书,还可供参加全国计算机等级考试的读者使用。

图书在版编目(CIP)数据

计算机应用教程(第 6 版)(Windows 7 与 Office 2003 环境)习题解答与上机练习/潘晓南主编;张京等编著 . —北京:清华大学出版社,2011.3
(高等学校文科类专业"十一五"计算机规划教材)
ISBN 978-7-302-24462-2

Ⅰ. ①计… Ⅱ. ①潘… ②张… Ⅲ. ①电子计算机－高等学校－教学参考资料　Ⅳ. ①TP3

中国版本图书馆 CIP 数据核字(2010)第 264676 号

责任编辑:焦　虹　王冰飞
责任校对:焦丽丽
责任印制:杨　艳

出版发行:清华大学出版社　　　　　　　　　地　　　址:北京清华大学学研大厦 A 座
　　　　　http://www.tup.com.cn　　　　　　邮　　　编:100084
　　　　　社　总　机:010-62770175　　　　　邮　　　购:010-62786544
　　　　　投稿与读者服务:010-62795954,jsjjc@tup.tsinghua.edu.cn
　　　　　质　量　反　馈:010-62772015,zhiliang@tup.tsinghua.edu.cn
印　装　者:北京嘉实印刷有限公司
经　　销:全国新华书店
开　　本:185×260　　　　印　　张:11.75　　　　字　　数:268 千字
版　　次:2011 年 3 月第 1 版　　　　　　　　印　　次:2011 年 3 月第 1 次印刷
印　　数:1~3000
定　　价:18.00 元

产品编号:040835-01

序

能够满足社会与专业本身需求的计算机应用能力已成为合格的大学毕业生必须具备的素质。

文科类专业与信息技术的相互结合、交叉、渗透,是现代科学发展趋势的重要方面,是不可忽视的新学科的一个生长点。加强文科类(包括文史法教类、经济管理类与艺术类)专业的计算机教育,开设具有专业特色的计算机课程是培养能够满足信息化社会对大文科人才要求服务的重要举措,是培养跨学科、综合型的文科通才的重要环节。

为了更好地指导文科类专业的计算机教学工作,教育部高等教育司重新组织制订了《高等学校文科类专业大学计算机教学基本要求》(下面简称《基本要求》)。

《基本要求》把大文科各门类的本科计算机教学,按专业门类分为文史哲法教类、经济管理类与艺术类等三个系列。大文科计算机知识体系由计算机软硬件基础、办公信息处理、多媒体技术、计算机网络、数据库技术、程序设计,以及艺术类计算机应用等 7 个知识领域组成。知识领域下分若干知识单元,知识单元下分若干知识点。

文科类专业对计算机知识点的需求是相对稳定、相对有限的。由属于一个或多个知识领域的知识点构成而满足文科类专业需要的计算机课程则是不稳定、相对活跃、难以穷尽的。文科计算机课程若按教学层次可分为计算机大公共课程(也就是大学计算机公共基础课程)、计算机小公共课程和计算机背景的专业课程三个层次。

第一层次的教学内容是文科各专业学生应知应会的。这些内容可为文科学生在与专业紧密结合的信息技术应用方向上进一步深入学习打下基础。这一层次的教学内容是对文科大学生信息素质培养的基本保证,起着基础性与先导性的作用。

第二层次是在第一层次之上,为满足同一系列某些专业共同需要(包括与专业相结合而不是某个专业所特有的)而开设的计算机课程。其教学内容,或者在深度上超过第一层次的教学内容中某一相应模块,或者是拓展到第一层次中没有涉及到的领域。这是满足大文科不同专业对计算机应用需要的课程。这部分教学在更大程度上决定了学生在其专业中应用计算机解决问题的能力与水平。

第三层次,也就是使用计算机工具,以计算机软硬件为依托而开设的为某一专业所特有的课程。其教学内容就是专业课。如果没有计算机为工具的支撑,这门课就开不起来。这部分教学在更大程度上显现了学校开设的特色专业的能力与水平。

清华大学出版社推出的高等学校文科类专业大学计算机规划教材，就是根据《基本要求》编写而成的。它可以满足文科类专业在计算机各层次教学上的基本需要。

对教材中的不足或错误，敬请同行和读者批评指正。

卢湘鸿

于北京中关村科技园

卢湘鸿　北京语言大学信息科学学院计算机科学与技术系教授，教育部普通高等学校本科教学工作水平评估专家组成员，原教育部高等学校文科计算机基础教学指导委员会副主任、现教育部高等学校文科计算机基础教学指导委员会秘书长，全国高等院校计算机基础教育研究会常务理事，原全国高等院校计算机基础教育研究会文科专业委员会主任、现全国高等院校计算机基础教育研究会文科专业委员会常务副主任兼秘书长

前　言

　　"计算机应用基础"是高等学校各专业的公共基础课,是应用性、实用性、时效性很强的课程,对培养信息时代高素质的大学生有重要作用。这门课程学习的成效体现在对内容的理解和掌握以及实际的操作应用能力方面,而要真正具备这种能力只有通过实践。

　　本书是清华大学出版社出版的《计算机应用教程(第6版)(Windows 7与Office 2003环境)》的配套教材,以加强实践环节、提高课程实际教学效果为目的。书中含主教材的习题以及对习题的解答和上机练习题的操作指导,并补充了实际应用性强的习题。习题解答期望起到排疑解惑、加深理解、巩固所学知识的作用;上机练习指导力求清晰简明,使学习者跟进学习很快上手,并通过补充的练习题拓展其实际应用能力。

　　能为计算机公共基础课的教与学带来方便和效率,并能在培养和提高学生实际应用能力方面切实发挥作用,是本书编者的愿望和信念。

　　本书可以作为主教材的辅助用书,也可以单独使用,即作为学习计算机知识和应用的读者的自学用书,还可供参加全国计算机等级考试的读者备战复习和练习使用。

　　书中上机练习需要的大部分素材可以从清华大学出版社网站(www. tup. tsinghua. edu. cn)下载,为学习者提供了方便,节省了一些不必要的文字录入和表格建立等时间,而集中时间和精力在相应知识点的理解和实践上。

　　不特别说明时,本书中的 Windows 指 Windows 7;Office 指 Office 2003;IE 指 IE 8。

　　本书由潘晓南组织编写并担任主编。具体分工如下:第1、3、4、5章由潘晓南、张京编写;第2、9、11章由张京编写;第6章由游语秋、陈洁编写;第7、8章由陈洁编写;第10、12章由游语秋编写。

　　敬请读者批评指正并提出改进意见。

编　者

2010 年 10 月

目　录

第1章 计算机基础知识

1.1 思 考 题

1. 计算机的定义与特点是什么？计算机自1946年诞生以来，哪几件事情对它的普及影响最大？为什么？

【答】 计算机的定义：现代计算机通常指电子计算机，这是一种能够存储程序和数据、自动执行程序、快速而高效地完成对各种数字化信息处理的电子设备。它能部分地代替人的脑力劳动，因此也俗称为电脑。

计算机的特点：运算速度快，计算精确度高，可靠性好，记忆和逻辑判断能力强，存储容量大而且不易损失，具有多媒体以及网络功能等。

计算机自1946年诞生以来，以下几个方面的发展对它的普及影响最大。

(1) 组成计算机的主要电子器件，由电子管到晶体管到中小规模、大规模和超大规模集成电路的变化，使得计算机的成本不断下降，体积不断缩小，功能不断增强，特别是微型计算机的出现，使得计算机广泛普及进而走进寻常百姓家成为可能。

(2) 多媒体技术的快速发展，使得多媒体计算机成为学习、办公和家庭电脑的主流。

(3) 网络技术特别是1995年以后网络技术的迅速发展并进入普通家庭，使计算机的发展进入了网络、微机、多媒体时代，或简称为进入了计算机网络时代，更进一步推进了计算机的普及。

2. 什么是计算机的主要应用领域？试分别举例说明。

【答】 计算机的主要应用领域有科学计算(也称数值运算)、数据处理(也称信息处理)、自动控制(也称实时控制或过程控制)、人工智能、网络应用、计算机模拟、计算机辅助设计、计算机辅助制造、计算机辅助教育等。

计算机的应用实例随处可见，读者可自行列举生活、工作中的许多例子。

3. 计算机的主要类型有哪些？从1975年到现在的这些年中，PC发生了哪些巨大的变化？试用几句话概括这些变化的特点。

【答】 计算机的主要类型有巨型机、大型主机(也称大型机)、小巨型机、小型机、工作站和微型机等六类。

20世纪70年代中期出现的苹果机和80年代初期出现的IBM PC，均属微型计算机(简称微型机或微机)。IBM PC及其兼容机又简称为PC。微机出现至今发生了巨大的变化，主要表现在：微处理器从20世纪70年代的4位、8位到现今的64位(例如从Intel 4004、Intel 8080到Pentium 4)；芯片的主频从开始的4MHz、8MHz到现今的GHz；内存容量从几十、几百KB发展到现今的几GB；硬盘容量从几MB发展到现今的几百GB；功能应用从最初的数值计算发展到如今的信息处理、多媒体应用、网络应用等各个领域。可以说微机的发展向着重量更轻、体积更小、运算速度更快、功能更强、使用更为方便、应用更加广泛的方向发展。

4. 计算机文化知识为什么应该成为当代人们知识结构的重要组成部分？

【答】 在信息化社会里，计算机已经应用到工作、生活、社会交往的方方面面，许多事情都可以通过计算机来实现。不了解计算机基本知识，不会使用计算机的人，犹如今日不会写、不会读的人一样将步履艰辛，难求发展，因此，计算机知识应该成为当代人们知识结构中的重要组成部分。

5. 计算机内部的信息为什么要采用二进制编码来表示？

【答】 计算机内部的信息传输、存储和处理均采用二进制编码，其主要原因是使用二进制编码具有可行性、易行性、简单性、可靠性和逻辑性。

二进制编码中仅有"0"和"1"两个数码，很容易用二态的物理元件来表示，也就是说，计算机内部采用二进制编码进行数据运算和处理，技术上可行且易行。

二进制运算规则少，计算机运算器的结构可大大简化，控制也相应简单，数据的传输和处理不容易出错，计算机的工作可靠性大大提高。

二进制编码中的两个数码"0"和"1"可代表逻辑代数的"真"和"假"，采用二进制，可以很方便地使用逻辑代数作为工具进行电路设计，使计算机具有逻辑性。

6. 一个完整的计算机系统由哪些部分构成？各部分之间的关系如何？

【答】 广义的说法认为，计算机系统是由人员（people）、数据（data）、设备（equipment）、程序（program）和规程（procedure）5 部分组成，以下仅就狭义的计算机系统即一般所述的计算机系统进行介绍。

一个完整的计算机系统是由硬件系统和软件系统两大部分构成的，如图 1.1 所示。

硬件（hard ware）也称硬设备，是计算机系统的物质基础。软件（soft ware）是指所有应用计算机的技术，是些看不见摸不着的程序和数据，是发挥机器硬件功能的关键。硬件是软件建立和依托的基础，软件是计算机系统的灵魂。没有安装软件的计算机被称为"裸机"，不能为用户直接使用，即不能发挥任何作用；而没有硬件对软件的物质支持，软件的功能也无从谈起。所以计算机系统应作为一个整体来看，它既含硬件，也包括软件，两者不可分割。硬件和软件相互结合才能充分发挥电子计算机系统的功能。

计算机硬件系统组成和软件系统组成的详细情况可参见《计算机应用教程（Windows 7 与 Office 2003 环境）》（清华大学出版社）第 1.4 节的叙述。

7. 微处理器、微机、微机硬件系统、微机软件系统、微机系统相互之间的区别是什么？

【答】 从以下关于微处理器等的定义中可以看出它们的区别。

微处理器：在微机中，把中央处理器（CPU）称为微处理器（MPU）。

微机：微型计算机的简称。

微机硬件系统：由中央处理器、主存储器、外存储器及输入输出设备组成。

微机软件系统：是指挥微机工作的各种程序的集合，也就是在微型机上运行的各种程序，以及相关的资料。

微机系统：由微机的硬件系统和软件系统组成。

8. 存储器为什么要分为内存储器和外存储器？两者各有何特点？

【答】 存储器是计算机中存放程序和数据的设备，分内存储器和外存储器。之所以要分内存储器和外存储器,是因为两者在计算机系统中担负着不同的功能。内存储器要与计算机的各个部件打交道,进行数据传送;外存储器则只与内存交换数据,用于长期保存大量"暂时不用"的信息。

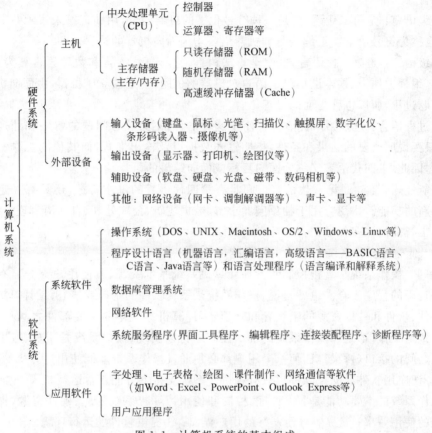

图 1.1　计算机系统的基本组成

内存储器简称内存,又称主存,又分随机存取存储器(RAM)和只读存储器(ROM),一般谈及的内存多指 RAM。用户通过输入设备输入的程序和数据最初送入内存;控制器执行的指令和运算器处理的数据取自内存;运算的中间结果和最终结果保存在内存中;输出设备输出的信息来自内存。因此说,内存是计算机中信息交流的中心。

目前绝大多数计算机的内存是以半导体存储器为主,由于价格和技术方面的原因,内存的存储容量有限(Pentium 4 微机内存容量的一般配置为 512MB,也有 1GB 以上的),而且 RAM 是不能长期保存信息的(断电后信息即丢失),所以,内存储器中的信息如要长期保存,就应该送到外存储器中。

外存储器设置在主机外部,简称外存,又称辅存,指硬盘、软盘、光盘存储器等。它的容量可以很大,而且保存的信息不受计算机是否加电的影响,能长时间保存大量的程序和数据。必要时它将数据送入内存,随时等待内存传送来的信息并保存,因此外存既是输入设备,也是输出设备。

总之,内存担负着与计算机各部件特别是与中央处理器交换信息的作用,它速度快,但容量小,价格昂贵,断电后信息即丢失;外存容量大,价格合理,可长期保存信息。

9. 什么是机器语言、汇编语言、高级语言、面向过程语言、非过程语言和智能性语言?

【答】 机器语言:是第一代语言,是用计算机能直接识别的二进制代码(0 和 1)来表达的语言。

汇编语言:是第二代语言,是一种符号化了的机器语言,用助记符来表示每一条机器指令,也称为符号语言。汇编语言和机器语言均为面向机器的语言。

高级语言:是第三代语言,也就是算法语言,它与自然语言和数学语言更为接近,可读性强,编程方便,从根本上摆脱了语言对机器的依附,使之独立于机器,由面向机器改为面向解题过程,所以也称为面向过程语言。

非过程语言:这是第四代语言。使用这种语言,不必关心问题的解法和处理过程的描述,只要说明所要的结果和条件,指明输入数据以及输出形式,而其他的工作都由系统来完成,因此,第四代语言又称为面向目标或面向结果的语言。

智能性语言:这是第五代语言。它具有第四代语言的基本特征,还具有一定的智能和许多新的功能。广泛应用于抽象问题求解、数据逻辑、公式处理、自然语言理解、专家系统和人工智能的许多领域。

10. 什么是操作系统?它的主要功能是什么?

【答】 操作系统是直接控制和管理计算机系统基本资源、方便用户充分而有效地使用这些资源的程序集合。也就是说,操作系统是系统软件的基础或核心;是计算机系统中所有硬件、软件和数据资源的组织者和管理者,计算机系统中的主要部件之间相互配合、协调一致地工作,都是靠操作系统的统一控制才得以实现;操作系统是用户、应用程序和计算机之间的接口(桥梁),任何一个用户都必须通过操作系统才能使用计算机的软、硬件资源,一切应用软件或支撑软件也只有在操作系统支持下方能正常运行。

操作系统的主要功能是:①管理、控制和使用计算机系统的软、硬件资源,提高计算机系统的使用效率;②提供方便友好的用户界面;③提供软件的运行环境。

11. 什么是文件与文件夹?文件的命名原则是什么?文件如何存放较好?

【答】 文件(file)是具有名字、存储于外存的一组相关的且按某种逻辑方式组织在一起的信息的集合。计算机的所有数据(包括文字、图形、图像、声音或动画等各种媒体信息)和程序都是以文件形式保存在存储介质上的,它是操作系统能独立进行存取和管理信息的最小单位。

文件夹(folder)一般用于存放文件、子文件夹和快捷方式。在 Windows 95 以上版本中,文件夹有更广的含义,不仅用来组织和管理众多的文件,还用来管理和组织整个计算机的资源,例如"打印机"文件夹就是用来管理和组织打印设备的;"我的电脑"就是一个代表用户计算机资源的文件夹。

文件的全名由盘符名、路径、主文件名和扩展名 4 部分组成。格式为:

[盘符名:][路径]<主文件名>[.扩展名]

其中,"盘符名"表明文件所在的磁盘或光盘;"路径"指明文件在磁盘中保存的位置;扩展名表明文件的类型,一般由系统约定并自动给出,不可随便更改;主文件名通常简称文件名,由文件创建者来命名。文件命名的原则有以下几条。

(1) 文件名要方便记忆,尽量做到"见名知义"。

(2) 文件名的组成字符有:26 个英文字母(大写小写同义)、数字 0～9 和一些特殊符号($ ＃ & @ % ( ) ^ _ － { }!等)。文件名宜由字母、数字与下划线组成,中间可以有空格。汉字也可用作文件名。文件名的长度至少 1 个字符,至多 215 个字符或汉字。

(3) 文件名中禁用\、|、、/、?、*、<、>、:、;、″等 9 个字符。

(4) 文件名不能与同一文件夹中的其他文件或文件夹重名。

(5) 文件名不要使用系统保留的设备代表名,如:CON——代表输出设备的显示器或输入设备的键盘;COM1(AUX)——代表第一个异步通信适配器端口;LPT1(PRN)——代表第一个并行接口上的打印机等。

保存和管理文件的较好方法是:将相关的一组文件存放在一个文件夹中。

12. 什么是计算机病毒?它具有哪些特征?对计算机病毒应如何预防和处置?

【答】 计算机病毒的定义:《中华人民共和国计算机信息系统安全保护条例》第二十八条指出:"计算机病毒是指编制或者在计算机程序中插入破坏计算机功能或者毁坏数据,影响计算机使用,并能自我复制的一组计算机指令或者程序代码"。

1983 年 11 月美国学者 Fred Cohen 第一次从科学角度提出"计算机病毒(Computer Virus)"的概念。1987 年 10 月美国公开报道了首例造成灾害的计算机病毒。

计算机病毒的特征:破坏性和传染性是计算机病毒最重要的特征,此外还有隐蔽性、潜伏性、对用户不透明性、可激活性和不可预见性等。另外,计算机病毒还都具有以下两个特征,缺其一则不称为病毒。

(1) 一种人为特制的程序,不独立以一文件形式存在,且非授权入侵而隐藏、依附于别的程序。当调用该程序时,此病毒将首先运行,并造成计算机系统运行管理机制失常或导致整个系统瘫痪的后果。

(2) 具有自我复制能力,能将自身复制到其他程序中。

预防计算机病毒有如下方法。

(1) 软件预防。主要使用计算机病毒疫苗程序,监督系统运行并防止某些病毒入侵。比如在机器和网上安装杀毒软件和防火墙,实时监控病毒的入侵和感染。

(2) 硬件预防。主要有两种方法:一是改变计算机系统结构;二是插入附加固件,如将防毒卡插到主板上,系统开启后先自动执行相关程序,取得 CPU 的控制权。

(3) 管理预防。这也是最有效的预防措施,主要途径有以下几种。

① 制定防治病毒的法律手段。对有关计算机病毒问题进行立法,不允许传播病毒程序。对制造病毒者或有意传播病毒从事破坏者,要追究法律责任。

② 建立专门机构负责检查发行软件和流入软件有无病毒。为用户无代价消除病毒,不允许销售含有病毒的程序。

③ 宣讲计算机病毒的常识和危害性;尊重知识产权,使用正版软件,不随意复制软件,不运行不知来源的软件。养成定期清除病毒的习惯,杜绝制造病毒的犯罪行为。

应对计算机病毒的方法有以下几种。

① 限制网上可执行代码的交换,控制共享数据,一旦发现病毒,立即断开联网的工作

站;不打开来路不明的电子邮件,直接将其删除;单机可以完成的工作,应尽量在脱网状态下完成。

② 用硬盘来启动机器。凡不需再写入的软盘、U 盘都应作写保护。借给他人的软盘、U 盘都应作写保护(最好只借副本),收回时应先检查有无病毒。

③ 不要把用户数据或程序写到系统盘上,并保护所有系统盘和相关文件。

④ 对重要的系统数据和用户数据定期进行备份。

1.2　选择题(1)

若无特别说明,选择题均指单项选择题。

1. 对于计算机下面的描述不正确的是(C)。

  (A) 能自动完成信息处理

  (B) 能按编写的程序对原始输入数据进行加工

  (C) 计算器也是一种小型计算机

  (D) 虽说功能强大,但并不是万能的

2. 一个完整的计算机系统是由(D)组成的。

  (A) 主机及外部设备　　　　　　　　(B) 主机、键盘、显示器和打印机

  (C) 系统软件和应用软件　　　　　　(D) 硬件系统和软件系统

3. 指挥、协调计算机工作的设备是(D)。

  (A) 输入设备　　　(B) 输出设备　　　(C) 存储器　　　(D) 控制器

4. 在微机系统中,硬件与软件的关系是(B)。

  (A) 在一定条件下可以相互转化的关系　　(B) 逻辑功能等价的关系

  (C) 整体与部分的关系　　　　　　　　　(D) 固定不变的关系

5. 在计算机内,信息的表示形式是(C)。

  (A) ASCII 码　　　(B) 拼音码　　　(C) 二进制码　　　(D) 汉字内码

6. 基本字符的 ASCII 编码在机器中的表示方法准确的描述应是(B)。

  (A) 使用 8 位二进制码,最右边一位为 1

  (B) 使用 8 位二进制码,最左边一位为 0

  (C) 使用 8 位二进制码,最右边一位为 0

  (D) 使用 8 位二进制码,最左边一位为 1

7. 微机的常规内存储器的容量是 640KB,这里的 1KB 为(A)。

  (A) 1024 字节　　　　　　　　　　　(B) 1000 字节

  (C) 1024 二进制位　　　　　　　　　(D) 1000 二进制位

8. 微机在工作中,由于断电或突然"死机",重新启动后则计算机(D)中的信息将全部消失。

  (A) ROM 和 RAM　　(B) ROM　　　　(C) 硬盘　　　　(D) RAM

9. 计算机能够直接识别和处理的程序是(C)程序。

  (A) 汇编语言　　　(B) 源程序　　　(C) 机器语言　　　(D) 高级语言

10. 把高级语言编写的源程序变为目标程序,要经过(C)。

    (A) 汇编　　　　　(B) 解释　　　　　(C) 编译　　　　　(D) 编辑

11. 计算机软件系统一般包括系统软件和(B)。

    (A) 字处理软件　　　　　　　　　　(B) 应用软件

    (C) 管理软件　　　　　　　　　　　(D) 科学计算软件

12. 操作系统是一种(A)。

    (A) 系统软件　　　(B) 应用软件　　　(C) 源程序　　　(D) 操作规范

13. 具有多媒体功能的微机系统目前常用 CD-ROM 作外存储器,它是一种(A)。

    (A) 只读存储器　　(B) 光盘　　　　(C) 硬盘　　　　(D) U 盘

14. 既能向主机输入数据又能由主机输出数据的设备是(C)。

    (A) CD-ROM　　　(B) 显示器　　　(C) 硬盘驱动器　　(D) 光笔

15. 光驱的倍速越大,表示(A)。

    (A) 数据传输越快　　　　　　　　　(B) 纠错能力越强

    (C) 所能读取光盘的容量越大　　　　(D) 播放 VCD 效果越好

16. 速度快、分辨率高、噪声小的打印机类型是(C)。

    (A) 击打式　　　　(B) 针式　　　　(C) 激光式　　　(D) 点阵式

17. 同时按 Ctrl＋Alt＋Del 组合键,屏幕正中将弹出一列选项,从中可选择的项目有(D)。

    (A) 锁定该计算机或切换用户　　　　(B) 启动任务管理器

    (C) 更改密码或注销　　　　　　　　(D) 以上各项

18. 常见的国产反病毒软件有(D)等。

    (A) 瑞星杀毒软件　　　　　　　　　(B) 江民杀毒软件

    (C) 金山毒霸　　　　　　　　　　　(D) 以上各项

1.3　选择题(2)

以下是多项选择题。

1. 计算机的输入设备有(C D F G H),输出设备有(A B C D E)。

    (A) 打印机　　　(B) 绘图仪　　　(C) 磁盘　　　　(D) 可擦写光盘

    (E) 显示器　　　(F) 扫描仪　　　(G) 光笔　　　　(H) 键盘

2. 计算机的系统软件有(A C D F)。

    (A) 操作系统　　　　　　(B) BASIC 源程序　　　　(C) 汇编语言

    (D) 监控、诊断程序　　　(E) FoxPro 库文件　　　　(F) 编译程序

    (G) 编辑程序

3. 用高级语言编写的程序不能直接运行,需要经过(B C)。

    (A) 汇编　　　　(B) 编译　　　　(C) 解释　　　　(D) 翻译

4. 以下各项中,属于外存的有(A C D E F H)。

    (A) 磁带　　　　(B) ROM　　　　(C) CD-RW　　　(D) USB 盘

    (E) 硬盘　　　　(F) 软盘　　　　(G) RAM　　　　(H) DVD 盘

5. 以下各项中，属于应用软件的有(A D E G)。

(A) 杀毒软件　　　(B) Windows 7　　(C) Linux　　　　(D) 文字处理软件

(E) 电子表格软件　(F) PROLOG　　(G) WinRAR　　(H) Java

1.4　填　空　题

1. 世界上公认的第一台电子计算机于1946年在美国诞生，它的名字是ENIAC。

2. 到目前为止，电子计算机经历了多个发展阶段，发生了很大变化，但都基于同一个基本思想。这个基本思想是由冯·诺依曼提出的，其要点是计算机内存储程序。

3. 计算机的发展经历了四代。各代的主要电子器件分别是电子管、晶体管、中小规模集成电路、大规模和超大规模集成电路。

4. 第四代计算机开始使用大规模乃至超大规模的集成电路作为它的逻辑元件。

5. 传统计算机的发展趋势是巨型化、微型化、多媒体化、网络化、智能化。

6. 一个完整的计算机系统是由硬件系统和软件系统两部分组成的。

7. 微机的运算器、控制器和内存三部分的总称是主机。

8. 软件系统又分系统软件和应用软件，磁盘操作系统是属于系统软件。

9. 在计算机内部，数据的计算和处理是以二进制编码形式表示的，原因有可行性、可靠性、简易性、逻辑性等。

10. 在计算机中，bit中文含义是位；字节是个常用的单位，它的英文名字是Byte。一个字节包括的二进制位数是8。32位二进制数是4个字节。1GB是1024×1024×1024个字节。

11. 8位二进制无符号定点整数的数值范围是0～255。

12. 在微机中，应用最普遍的字符编码是 ASCII 码。

13. CPU 不能直接访问的存储器是外存储器。

14. 在 RAM、ROM、PROM、CD-ROM 等 4 种存储器中，易失性存储器是RAM。

15. 内存有随机存储器和只读存储器，其英文简称分别为RAM 和ROM。

16. 直接由二进制编码构成的语言是机器语言。

17. 汇编语言是对机器语言的改进，以助记符来表示指令。

18. 用某种高级语言编写、人们可以阅读（计算机不一定能直接理解和执行）的程序称为源程序。

19. 用高级语言编写的源程序，必须由编译程序处理翻译成目标程序，才能被计算机执行。

20. 计算机病毒实质上是人为编制的、对计算机系统会造成不同程度破坏的程序，主要特点是具有破坏性、潜伏性、传染性、激发性和隐蔽性。文件型病毒传染的对象主要是可执行程序、数据文件类型的文件。

21. 计算机病毒的主要特性是能将其自身复制到其他程序中；不以独立的文件形式存在，而是附着于别的程序中；当调用被病毒所附着的程序时，病毒将首先运行。

22. 当前微机中最常用的两种输入设备是键盘和鼠标。

23. 目前常用的 VCD 光盘的盘面直径是 120mm，其存储容量一般是700MB；DVD 光盘盘面的直径也是 120mm，其存储容量一般是4GB。

24. 使用计算机时，开关机顺序会影响主机寿命，正确的开机顺序是：先打开有独立电源的外部设备（如显示器、调制解调器等）的电源开关，最后打开主机的电源开关；正确的关机顺序是：保存处理的信息，关闭所有运行的程序，关闭主机，最后关闭外部设备的电源开关。

25. 在图 1.2 计算机硬件系统结构示意框图中，方框 1 至方框 5 分别表示输出设备、存储器、输入设备、运算器、控制器。

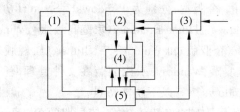

图 1.2　计算机硬件系统结构示意框图

第 2 章　中文操作系统 Windows 7

2.1　思　考　题

1. 简述 Windows 7 的功能特点和运行环境。

【答】 Windows 7 有 6 个版本,分别为 Windows 7 Starter(初级版)、Windows 7 Home Basic(家庭普通版)、Windows 7 Home Premium(家庭高级版)、Windows 7 Professional(专业版)、Windows 7 Enterprise(企业版)和 Windows 7 Ultimate(旗舰版)。本章与其所对应的主教材一样,主要是了解及实践 Windows 7 旗舰版在文件管理、任务管理和设备管理方面的基本功能和用法。Windows 7 有以下功能特点。

(1) 图形化的用户界面具有玻璃特效功能,较早期的 Windows 版本具有更好的视觉效果,更为人性化,操作更为直观、简便。

(2) 不同应用程序在操作和界面方面的一致性,为用户带来很大方便,许多软件还提供了用户自定义工作环境的功能,可根据用户要求安排更具个性化的窗口布局。

(3) 进一步提高了用户计算机的使用效率,增强了易用性。

(4) 进一步提高了计算机系统的运行可靠性和易维护性,增强了数据保护功能。

(5) 提供了更高级的网络功能和多媒体功能。

(6) 解决了操作系统存在的兼容性问题(能在系统中运行 Windows XP 应用程序)。

Windows 7 的运行环境要求如下。

(1) 至少为 1GHz 的 32 位或 64 位 CPU 处理器。

(2) 至少有 16GB 可用空间(基于 32 位 CPU)或 20GB 可用空间(基于 64 位 CPU)的硬盘。

(3) 至少为 1GB 大小(基于 32 位 CPU)或 2GB 大小(基于 64 位 CPU)的内存。

(4) 支持 WDDM 1.0 或更高版本的 DirectX 9 显卡。

(5) 光盘驱动器(DVD R/RW)、彩色显示器、键盘以及 Windows 支持的鼠标或兼容的定点设备等。

若希望 Windows 7 提供更多的功能,对系统配置还有其他要求,例如:需要在 Windows 下执行打印的用户,需要一台 Windows 支持的打印机;对于声音处理功能,需要声卡、麦克、扬声器或耳机;若要进行网络连接,还需要网卡(包括无线网卡)等设备。

2. 介绍在 Windows 7 中执行一个命令或一般应用程序的各种方法。

【答】 在 Windows 7 中,执行一个命令一般有以下几种方法。

(1) 利用菜单命令。

(2) 利用快捷菜单。

(3) 利用工具栏按钮。

(4) 利用鼠标直接操作。

(5) 利用快捷键。

执行一个应用程序(即启动或说打开一个应用程序)的方法一般有以下几种。

(1) 利用"开始"菜单中的"所有程序"项。

例如,启动"记事本"程序:可单击"开始"按钮打开"开始"菜单→单击"所有程序"项,展开其中所有子项目→单击"附件",展开附件中所包含的所有子项目→单击选择"记事本"。

说明:以后像上述这样,利用"开始"菜单选择项目或命令的操作将简述为选择"开始|所有程序|附件|记事本"。从程序的某个菜单中选择某个命令的操作,例如,从"编辑"菜单中选择"复制"命令的操作也将简述为选择"编辑|复制"命令。

(2) 选择(单击或双击)应用程序图标或其快捷方式图标。

(3) 利用"开始"菜单中的"搜索程序和文件"栏:在对应文本框中输入程序全名,系统将迅速列出搜索到的程序链接,单击即可打开之。

(4) 从应用程序图标对应的快捷菜单中选择"打开"。

3. 如何打开任务管理器?简述任务管理器的作用。

【答】 打开任务管理器的常用方法是,用鼠标右击任务栏,从任务栏快捷菜单中选择"启动任务管理器"命令即可。

任务管理器可以向用户提供正在计算机上运行的程序和进程的相关信息。一般用户主要使用任务管理器来快速查看正在运行的程序的状态,或者终止已停止响应的程序,或者切换程序,或者运行新的任务。利用任务管理器还可以查看 CPU 和内存的情况,以及用图形显示的 CPU 和内存使用记录等。

打开任务管理器的第二种方法:即按 Ctrl+Alt+Delete 组合键,屏幕正中将弹出以下的一列选择项。

- 锁定该计算机(K)
- 切换用户(W)
- 注销(L)
- 更改密码(C)
- 启动任务管理器(T)

这时,单击"启动任务管理器"或按 T 键,同样可以打开任务管理器。

打开任务管理器的第三种方法:按 Ctrl+Shift+Esc 组合键。

4. 获取系统帮助有哪些方法?在 Windows 7 中如何设定系统日期?

【答】 获取系统帮助的方法有以下几种。

(1) 利用"开始"菜单中的"帮助和支持"项。

(2) 利用窗口的"帮助"菜单项。

(3) 利用窗口的"问号"按钮 ❷(也称"帮助"按钮)。

(4) 利用指向对象(如工具栏或任务栏的图标按钮)时弹出的简短提示信息。

在 Windows 中设定系统日期有以下几种方法。

(1) 单击任务栏系统区的"日期/时间"显示区(在任务栏最右边),从弹出的"日期/时间"显示窗口中选择"更改日期和时间设置"文本链接,打开如图2.1所示的对话框,单击"更改日期和时间"按钮,进行设置。

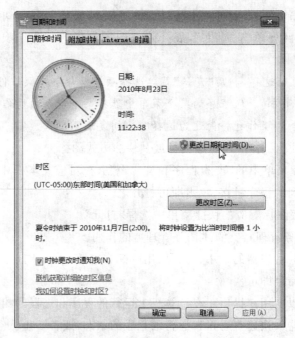

图2.1　"日期和时间"对话框

　　(2) 选择"开始│控制面板",可以打开控制面板窗口,从中选择"时钟、语言和区域",再在弹出的窗口中选择"日期和时间",同样将出现如图2.1所示的对话框。

　　(3) 在"计算机"窗口工具栏中单击"打开控制面板"按钮,同样可以打开控制面板窗口,选择"时钟、语言和区域"。

　　(4) 单击"开始"按钮,在搜索栏中输入"时间"或"日期",然后在搜索结果中选择"日期和时间",也可打开如图2.1所示的对话框。

　　5. 在文本区,鼠标指针的符号与插入点位置的标记有何不同? 鼠标移到文本选择区时,其指针符号与鼠标指向菜单时的符号又有何不同?

　　【答】　在文本区,鼠标指针的符号呈"I"型,这种指针符号被称为"I光标",利用它可移动和确定插入点的位置;插入点符号呈"│"型,插入点位置决定用户输入或插入的信息出现的位置。

　　鼠标移到文本选择区时,其指针符号呈向右倾斜空心箭头状;鼠标指向菜单时,其指针符号则呈向左倾斜空心箭头状。

　　6. 打开与关闭资源管理器各有哪些方法? 在资源管理器中,如何选定一个特定的文件夹使之成为当前文件夹? 如何在一个特定文件夹下新建一个子文件夹或删除一个子文件夹?

　　【答】　打开资源管理器的常用方法有以下几种。

（1）单击任务栏快速启动区中的"Windows 资源管理器"。

（2）在"开始"按钮上右击，从弹出的快捷菜单中选择"打开 Windows 资源管理器"命令。

（3）选择"开始|所有程序|附件|Windows 资源管理器"命令。

（4）单击"开始"按钮，在搜索栏中输入"资源管理器"，然后在搜索结果中选择"Windows 资源管理器"。

关闭资源管理器的常用方法有以下几种。

（1）单击"资源管理器"窗口左上角，从控制菜单中选择"关闭"命令。

（2）单击"资源管理器"窗口右上角的"关闭"按钮 ⊠ 。

（3）单击"资源管理器"窗口中的"组织"按钮，选择"关闭"命令。

（4）单击"资源管理器"窗口中的"文件"菜单（如果有的话），选择"关闭"命令。

在资源管理器中，如果要选定一个特定的文件夹使之成为当前文件夹，就必须设法使这个文件夹出现在资源管理器的导航窗格中，然后单击这个文件夹的图标或图标标识名。当这个文件夹成为当前文件夹后，资源管理器的右窗格中将显示其所包含的所有子文件夹和文件（如果有的话）。

在一个特定文件夹下新建一个子文件夹，必须使这个特定文件夹在资源管理器的导航窗格中成为当前文件夹，然后在右窗格的空白处中右击，从其快捷菜单中选择"新建|文件夹"命令；或者单击窗口中的"新建文件夹"按钮；或者选择"文件|新建|文件夹"命令。

在一个特定文件夹中删除一个子文件夹，也必须使这个特定文件夹在资源管理器的导航窗格中成为当前文件夹，然后在右窗格中选定准备删除的子文件夹并右击，从其快捷菜单中选择"删除"命令；或者单击窗口中的"组织"按钮，选择"删除"命令；或者选择"文件|删除"命令。

被删除的文件夹将被丢弃到"回收站"中，这时若单击窗口中的"组织"按钮，选择"撤销"或选择"编辑|撤销删除"命令，可恢复被删除的文件夹。

要删除文件夹，还可利用鼠标将其直接拖放到"回收站"中。如果拖放到"回收站"时按住 Shift 键，则从计算机中直接删除该文件夹，而不会暂存到"回收站"中。

7. 在 Windows 7 中，"选择"和"选定"的含义有何不同？

【答】 在 Windows 7 中，"选定（Select）"与"选择（Choose）"是两个不同的概念。"选定"是指在一个项目上作标记，以便对这个项目执行随后的操作或命令；"选择"通常要引发一个动作，例如，选择某菜单中的一个命令以执行一项任务、打开一个文件夹或启动一个应用程序等。Windows 95 及以前的版本中，"选定"对应鼠标的"单击"操作，"选择"对应鼠标的"双击"操作；Windows 98 以后的版本可以保留早期版本的"选定"和"选择"所对应的鼠标动作，也可设定"选定"对应鼠标的"指向"操作，"选择"对应鼠标的"单击"操作。

8. 什么是文档文件？在 Windows 7 中如何查找一个文件？

【答】 在 Windows 中，文档文件一般是指利用 Windows 应用程序创建并保存在外存中的文件。文档文件与创建它们的应用程序之间有着特殊的关联，当双击文档文件图标时，将启动对应的应用程序，并打开该文档文件的内容。

在 Windows 7 中，要查找一个文件有多种方法，例如可以利用"开始"菜单中的"搜索程序和文件"栏；还可以利用资源管理器窗口中的"搜索"栏。

9. 在 Windows 7 中如何复制文件、删除文件或为文件更名？如何恢复被删除的文件？

【答】 在 Windows 7 中，复制文件、为文件更名或删除文件均有多种方法。

复制文件的一般步骤如下。

(1) 选定准备复制的文件。

(2) 从目标文件的快捷菜单中选择"复制"命令(或选择"编辑|复制"命令，或按 Ctrl+C 快捷键)。

(3) 定位到复制文件的目标位置(特定文件夹或桌面)。

(4) 从目标位置的快捷菜单中选择"粘贴"命令(或选择"编辑|粘贴"命令，或按 Ctrl+V 快捷键)。

为文件更名的一般方法是：选定该文件，然后从其快捷菜单中选择"重命名"命令(或按 F2 功能键)，输入新文件名后按 Enter 键即可。

删除选定的文件的方法有：按 Del 键，或从其快捷菜单中选择"删除"命令，或直接利用鼠标拖放其到回收站中。

恢复被删除的文件(回到它原来的位置)也有多种方法：可以单击窗口中的"组织"按钮，选择"撤销"或选择"编辑"菜单中的"撤销删除"命令；还可以打开回收站，选定准备恢复的项目，从快捷菜单中选择"还原"命令或单击回收站窗口中的"还原此项目"按钮。

10. 在 Windows 7 中菜单有几种？如何打开一个对象的快捷菜单？如何打开窗口的控制菜单？简述控制菜单中各命令的作用。

【答】 Windows 中的菜单有开始菜单、程序菜单、控制菜单、快捷菜单等。

若要打开一个对象的快捷菜单，只要将鼠标指向这个对象，单击右键即可。

若要打开窗口的控制菜单，只要将鼠标指向窗口左上角或左上角的控制菜单按钮上并单击左键即可。

控制菜单中的各个命令是用来对窗口进行操作的，具体介绍如下。

"还原"命令：可以使当前窗口的面积还原为最大化以前的状态。

"移动"命令：选择此命令后，可以利用键盘上的方向键移动当前窗口，按 Enter 键确定对窗口位置的移动。

"大小"命令：选择此命令后，可以利用键盘上的方向键改变当前窗口的大小，按 Enter 键确定对窗口大小的改变。

"最大化"命令：可以使当前窗口的面积达到最大状态。

"最小化"命令：可以使当前窗口最小化为任务栏上的一个图标，但并没有关闭这个窗口。

"关闭"命令：关闭当前窗口。如果是应用程序窗口，那么关闭窗口意味着结束程序的运行。

11. 简述 Windows 7 附件中提供的一些系统维护工具和办公程序的功能和用法。

【答】 Windows 7 在附件中提供了多种系统维护工具，如磁盘碎片整理程序、磁盘清理程序、磁盘检查程序，还有系统信息、数据备份和还原等工具。它们的具体用法可参见《计算机应用教程(Windows 7 与 Office 2003 环境)》(清华大学出版社)第 2.6 节的叙述或利用 Windows 的帮助功能。

(1) 磁盘碎片整理程序：该程序的作用是重新安排磁盘中文件的位置和磁盘的自由空间，使文件尽可能存储在连续的单元中；使磁盘空闲的自由空间形成连续的块，以提高文件的存取速度和计算机的整体运行速度。

启动磁盘碎片整理程序的方法是：选择"开始|所有程序|附件|系统工具|磁盘碎片整理程序"命令，或者在"计算机"窗口或"资源管理器"窗口中，右击要进行碎片整理的目标磁盘图标，从快捷菜单中选择"属性"命令，在"属性"对话框的"工具"选项卡的"碎片整理"栏中，单击"立即进行碎片整理"按钮即可。

(2) 磁盘清理程序：该程序可以辨别硬盘上的一些无用的文件，并在征得用户许可后删除这些文件，以便释放一些硬盘空间。

启动磁盘清理程序的方法是：选择"开始|所有程序|附件|系统工具|磁盘清理"命令，或者在"计算机"窗口或"资源管理器"窗口中，右击要进行磁盘清理的目标磁盘图标，从快捷菜单中选择"属性"命令，在"属性"对话框的"常规"选项卡中，单击"磁盘清理"按钮即可。

(3) 磁盘检查程序：该程序可以诊断硬盘或软盘的错误，分析并修复若干种逻辑错误，查找磁盘上的物理错误，即坏扇区，并将坏扇区中的数据移动到别的位置。

启动磁盘检查程序的方法是：在"计算机"窗口或"资源管理器"窗口中，右击要检查的目标磁盘图标，从快捷菜单中选择"属性"命令，在"属性"对话框的"工具"选项卡的"查错"栏中，单击"开始检查"按钮即可。

(4) 系统信息工具：该工具可收集及显示本地和远程计算机的系统配置信息，包括硬件配置、计算机组件和软件的信息。

选择"开始|所有程序|附件|系统工具|系统信息"命令，可以启动系统信息工具。

(5) 数据备份和还原：该工具可以备份文件，包括备份"启动文件"、"注册表"等系统重要信息，还可以备份用户的有关设置；该工具还可以还原文件。

选择"开始|所有程序|维护|备份和还原"命令，可启动数据备份和还原工具。

Windows 7 在附件中提供了多种办公程序，如记事本、计算器、写字板、画图等。

(1) 记事本：主要用于创建纯文本文件(.TXT 文件)，是基本的文本编辑器。启动"记事本"程序一般是通过选择"开始|所有程序|附件|记事本"命令。在文件夹或桌面上右击，从快捷菜单中选择"新建|文本文档"命令，可以创建一个空白文本文档，双击这个文档也可以打开"记事本"程序。记事本有一种特殊用法，即可以建立时间记录文档，用于跟踪用户每次开启该文档时的日期和时间(计算机系统内部计时器的日期和时间)。具体做法是，在记事本文本区的第一行第一列开始输入大写英文字符".LOG"，并按 Enter 键。以后，每次打开这个文件时，系统就会自动在上一次文件结尾的下一行显示当时的系统日期和时间，达到跟踪文件编辑时间的目的。

(2) 计算器：可用于简单的计算或科学计算和统计等，Windows 7 的计算器除了"标准型"和"科学型"还增加了专门为程序设计人员和统计人员使用的"程序员"和"统计信

息",另外还增加了"单位转换"、"日期计算"和"工作表"功能。启动"计算器"程序一般是通过选择"开始|所有程序|附件|计算器"命令。

（3）写字板：该办公程序是一个可用来创建和编辑文档的文本编辑程序。与记事本不同,写字板文档可以包括复杂的格式和图形,并可以在其中链接或嵌入对象(如图片或其他文档)。

（4）画图：该程序可用于在空白绘图区域或在现有图片上创建绘图。Windows 7 的"画图"使用的很多工具都可以在位于"画图"窗口顶部的"功能区"中找到,所创建的绘图文件可保存为 bmp、gif、jpg、tiff 等格式。

Windows 7 还提供了截图工具、数学输入面板等程序,这些程序的具体用法可参见 Windows 的"帮助和支持"或《计算机应用教程(Windows 7 与 Office 2003 环境)》(清华大学出版社)第 2.6 节的叙述。

2.2 选 择 题

1. 以下关于"开始"菜单的叙述不正确的是（C）。
   （A）单击"开始"按钮可以启动"开始"菜单
   （B）"开始"菜单包括"搜索程序和文件"栏、帮助和支持、所有程序、控制面板等项
   （C）可在"开始"菜单中增加项目,但不能删除项目
   （D）用户想做的事情几乎都可以从"开始"菜单开始

2. 不能将一个选定的文件复制到同一文件夹下的操作是（C）。
   （A）用右键将该文件拖到同一文件夹下
   （B）执行"编辑"菜单中的"复制"及"粘贴"命令
   （C）用左键将该文件拖到同一文件夹下
   （D）按住 Ctrl 键,再用左键将该文件拖到同一文件夹下

3. Windows 7 的任务栏（D）。
   （A）只能改变位置不能改变大小　　　　（B）只能改变大小不能改变位置
   （C）既不能改变位置也不能改变大小　　（D）既能改变位置也能改变大小

4. 下列关于"回收站"的叙述中,错误的是（D）。
   （A）"回收站"可以暂时或永久存放硬盘上被删除的信息
   （B）放入"回收站"的信息可以还原回到原来位置
   （C）"回收站"所占据的空间是可以调整的
   （D）"回收站"可以存放软盘上被删除的信息

5. 在 Windows 7 中,关于对话框叙述不正确的是（D）。
   （A）对话框没有最大化按钮　　　　　　（B）对话框没有最小化按钮
   （C）对话框不能改变形状大小　　　　　（D）对话框不能移动

6. 不能在"任务栏"内进行的操作是（C）。
   （A）快捷启动应用程序　　　　　　　　（B）排列和切换窗口
   （C）排列桌面图标　　　　　　　　　　（D）设置系统日期或时间

7. 剪贴板是计算机系统（ A ）中一块临时存放交换信息的区域。

(A) RAM   (B) ROM   (C) 硬盘   (D) 应用程序

8. 在资源管理器中，单击文件夹左边的"▷"符号，将（ A ）。

(A) 在资源管理器的导航窗格中展开该文件夹（即显示其所有子文件夹）

(B) 在资源管理器的导航窗格中显示该文件夹中的子文件夹和文件

(C) 在资源管理器的右窗格中显示该文件夹中的子文件夹

(D) 在资源管理器的右窗格中显示该文件夹中的子文件夹和文件

9. 以下说法中不正确的是（ B ）。

(A) 启动应用程序的一种方法是在其图标上右击，再从其快捷菜单中选择"打开"命令

(B) 删除了一个应用程序的快捷方式就删除了相应的应用程序文件

(C) 在中文 Windows 7 中利用 Ctrl＋空格键可在英文输入方式和选中的汉字输入方式之间切换

(D) 将一个文件图标拖放到另一个磁盘驱动器图标上，将复制这个文件到另一个磁盘中

10. 以下说法中不正确的是（ A ）。

(A) 在文本区工作时，用鼠标操作滚动条就可以移动"插入点位置"

(B) 所有运行中的应用程序，在任务栏的活动任务区中都有一个对应的按钮

(C) 每个逻辑硬盘上"回收站"的容量可以分别设置

(D) 对于用户新建的文档，系统默认的属性为"非只读"且"非隐藏"

11. 在 Windows 7 中，打开"开始"菜单的快捷键是（ C ）。

(A) Shift＋Tab   (B) Ctr＋Shift   (C) Ctrl＋Esc   (D) 空格键

12. 应用程序的快捷方式通常建立在（ D ）。

(A) 桌面   (B) "开始"菜单

(C) 任务栏的快速启动区   (D) 以上三处

2.3 填 空 题

1. 在操作系统中，文件管理的主要功能是<u>新建文件或文件夹</u>，<u>打开文件或文件夹</u>，<u>文件或文件夹的复制、移动、删除或更名</u>，<u>文件或文件夹属性的查看与设置</u>，<u>文件或文件夹的查找</u>等。

2. 寻求 Windows 7 帮助的方法之一是从"开始"菜单中选择<u>帮助和支持</u>；在对话框中获得帮助可利用<u>"帮助"按钮 ❓</u>（也称问号按钮）。

3. 在 Windows 7 中，可以由用户设置的文件属性为<u>只读</u>、<u>隐藏</u>、<u>存档</u>等。为了防止他人修改某一文件，应设置该文件属性为<u>只读</u>。

4. 在中文 Windows 7 中，为了实现全角与半角状态之间的切换，应按的键是<u>Shift＋空格</u>。

5. 在 Windows 7 中，若一个程序长时间不响应用户请求，为结束该任务，可使用组合

键Ctrl＋Alt＋Delete 打开一个弹出列表项,再按 T 键打开任务管理器。

6. 在"资源管理器"右窗格中,若希望显示文件的名称、类型、大小、修改时间等信息,则应该选择"查看"菜单中的"详细信息"命令;或单击"视图"按钮▤ ▾,选择"详细信息";或右击右窗格的空白处,从快捷菜单中选择"查看|详细信息"命令。

7. 在资源管理器中,用鼠标法复制右窗格中的一个文件到另一个驱动器中,要先选定这个文件,然后拖动其图标到另一个驱动器,释放鼠标按键;在同一驱动器中复制文件则拖动过程中需按住Ctrl 键。

8. 在资源管理器中,若对某文件执行了"文件|删除"命令,欲恢复此文件,可以选择"编辑|撤销删除"命令或选择"组织"中的"撤销"命令。

9. 在资源管理器的导航窗格中,某个文件夹的左边有" ▷ "表示该文件夹有子文件夹。

10. 在"资源管理器"右窗格想一次选定多个分散的文件或文件夹,正确的操作是选定一个文件或文件夹后,按住 Ctrl 键再选其他的文件和文件夹。

11. 若一个文件夹有子文件夹,那么在"资源管理器"的导航窗格中,单击该文件夹的图标或标识名的作用是在右窗格中显示这个文件夹下的子文件夹和文件。

12. 在"资源管理器"窗口中,为了使具有系统和隐藏属性的文件或文件夹不显示出来,首先应进行的操作是选择"工具"菜单中的"文件夹选项"命令或选择"组织"中的"文件夹和搜索选项"命令。

13. 单击窗口的"关闭"按钮后,对应的程序将结束运行。

14. 关闭一个活动应用程序窗口,可按快捷键Alt＋F4。

15. 在不同的运行着的应用程序间切换,可以利用快捷键Alt＋Tab。

16. 在 Windows 7 中,欲整体移动一个窗口,可以利用鼠标拖动窗口的标题栏。

17. 可以将当前活动窗口中的全部内容复制到剪贴板中的操作是按 Alt＋PrintScreen 组合键。

18. Windows 7 中应用程序窗口标题栏中显示的内容有文档名和应用程序名。

19. 单击在前台运行的应用程序窗口的"最小化"按钮,这个应用程序在任务栏仍有对应的图标按钮,这个程序没有停止(停止/没有停止)运行。

20. 单击窗口中的"控制菜单"按钮(或窗口左上角的"控制菜单"区域),其作用是打开控制菜单;双击的作用则是关闭当前窗口。

21. Windows 7 中的"OLE 技术"是指对象链接和嵌入技术。

22. 在 Windows 7 的一个应用程序窗口中,展开一个菜单项下拉菜单的方法之一是用鼠标单击该菜单项,取消下拉菜单的方法是在下拉菜单外单击。

23. 在 Windows 7 的菜单命令中:显示暗淡的命令表示当前不能选用该命令;命令名后有符号"…"表示选择该项命令时会弹出对话框,需要用户提供进一步的信息;命令名前有符号"✓"表示该项命令正在起作用;命令名后有顶点向右的实心三角符号,表示该项命令有下一级菜单;命令名的右边若还有另一组合键,这种组合键称为快捷键,它的作用是用于快捷执行对应的某命令(代替了用户单击菜单项,再从下拉菜单中选择命令的操作)。

24. 菜单栏中含有"编辑(E)"项,则按Alt+E组合键可展开其下拉菜单,在下拉菜单中含有"复制(C)"项,则按C键相当于用鼠标选择该命令。

25. 在 Windows 7 中为提供信息或要求用户提供信息而临时出现的窗口称为对话框。在这个对话框中,单击后带省略号"…"的按钮后,将弹出另一对话框。

26. 选定文件或文件夹后,不将其放到"回收站"中,而直接删除的操作是按 Shift+Delete 组合键。

27. 运行中的 Windows 7 应用程序名,显示在桌面任务栏的活动任务区中。

28. Windows 7 桌面任务栏的快速启动区中列出了一些常用文件(特别是常用程序)或文件夹的快捷方式。

29. Windows 7 内嵌的反盗版技术即Windows 激活技术。

30. 在 Windows 7 中,用户想要删除任务栏"快速启动区"中的图标时,可右击对应的"图标",在出现的快捷菜单中选择"将此程序从任务栏解锁"命令。

31. 在 Windows 7 中,为了节省任务栏的空间,一个应用程序打开的所有文件只对应一个图标,而且如果这个应用程序所对应的图标在"快速启动区"中出现,则其将不在"活动任务区"中出现。

32. 指向或单击 Windows 7 任务栏的最右端可以显示桌面。

2.4　上机练习题

练习一　熟悉 Windows 7 操作系统界面与鼠标的使用

1. 练习目的

(1) 初步了解 Windows 7 的功能,熟悉 Windows 7 操作系统界面的各种组成和有关操作。

(2) 掌握鼠标的使用方法。

2. 练习内容

(1) 使用"帮助和支持",初步了解 Windows 7 的功能和特点。

练习步骤:

① 将鼠标指针指向"开始"按钮并单击,选择"帮助和支持"项,打开"Windows 帮助和支持"对话框,如图 2.2 所示。

② 单击"浏览帮助主题",选择一个与 Windows 7 的功能和特点有关的帮助主题,如选择"入门",再选择"Windows 7 的新增功能"或"安装和激活 Windows"等,单击之,即可阅读有关的帮助内容。

③ 在"搜索帮助"栏中输入与 Windows 7 的功能和特点有关的内容,单击"开始搜索"按钮,获取相关的帮助信息。

(2) 练习窗口的操作,同时练习鼠标操作。

练习步骤:

① 将鼠标指针指向桌面上的"回收站"图标并双击,打开其窗口,单击"最大化"按钮,

观察窗口大小的变化,再单击"向下还原"按钮。

注意:双击、单击均指击鼠标左键;右击指单击鼠标右键,以后同,不再赘述。

② 将鼠标指针指向窗口上(下)边框,当鼠标指针变为"↕"时,适当拖动鼠标,改变窗口大小;将鼠标指针指向窗口左(右)边框,当鼠标指针变为"↔"时,适当拖动鼠标,改变窗口大小;将鼠标指向窗口的任一角,当鼠标指针变为双向箭头时,拖动鼠标,适当调整窗口在对角线方向的大小。

③ 将鼠标指针指向窗口标题栏,拖动"标题栏",移动整个窗口的位置,使该窗口位于屏幕中心。

④ 单击"关闭"按钮 ☒ ,关闭窗口。

⑤ 桌面上若有其他文件夹,可利用其重复以上①~④的练习。

图 2.2 "Windows 帮助和支持"对话框

(3) 在桌面上练习"快捷菜单"的调出和使用,同时练习桌面图标的排列。

练习步骤:

① 右击桌面空白处,移动鼠标指向桌面快捷菜单中的"查看"命令,观察其下一层菜单中的"自动排列图标"是否在起作用(即观察该命令前是否有"✓"标记),若没有,如图 2.3 所示,单击使之起作用。

② 拖动桌面上的某一图标到另一位置后,松开鼠标按键,观察图标是否改变位置,了解"自动排列图标"如何起作用。

③ 右击桌面,再次调出桌面快捷菜单,指向"排序方式"命令,选择其下一层菜单中"名称",观察桌面上图标排列情况的变化;再分别

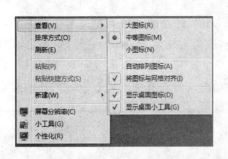

图 2.3 桌面快捷菜单及"查看"的下一层菜单

选择"排序方式"下的"大小"、"项目类型"、"修改日期",观察桌面图标排列情况。

④ 取消桌面的"自动排列图标"方式:右击桌面空白处,再次调出桌面快捷菜单,选择"查看"下的"自动排列图标"命令,使该命令前的"✓"消失,即取消桌面的"自动排列图标"方式。

⑤ 移动各图标,按自己的意愿摆放桌面上的项目。

(4) 练习在桌面上隐藏或显示系统文件夹图标,包括"控制面板"、"计算机"、"网络"以及当前用户文件夹。

操作提示:右击桌面空白处,从弹出的快捷菜单中选择"个性化"命令,单击弹出窗口左侧的"更改桌面图标",在弹出的"桌面图标设置"对话框(图 2.4)中,选中要显示或隐藏的桌面图标,单击"确定"按钮。

图 2.4 "桌面图标设置"对话框

(5) 练习在桌面上呈现小工具,例如时钟、天气预报、日历等;再练习关闭其中的某个工具。

操作提示:右击桌面空白处,从其快捷菜单中选择"小工具"(参看图 2.3),再从弹出的窗口中双击时钟或天气预报等小工具,桌面上将呈现这些小工具。

在桌面某工具上右击,从其快捷菜单中选择"关闭小工具"命令,即可关闭这个工具。

(6) 打开"资源管理器"窗口,在其中练习打开菜单,并从菜单中选择命令的方法。

练习步骤:

① 右击"开始"按钮,从弹出的快捷菜单中选择"打开 Windows 资源管理器",打开其窗口。

② 单击工具栏中的"组织"按钮,指向其下拉菜单中的"布局",选中"布局"子菜单中的"菜单栏"项。

③ 单击"查看(V)"菜单,选择其下拉菜单中的"超大图标"命令,观察右窗格中内容

显示方式的变化;再分别选择"查看|中等图标"、"查看|详细信息"等命令,观察比较右窗格中内容的不同显示方式。

(7) 练习用"常规键"方法操作菜单和命令。

练习步骤:

① 在"资源管理器"窗口中,按 Alt+V 组合键,打开"查看(V)"菜单,再按 X 键(即选择"超大图标"命令),观察执行结果。

② 按 Alt+F 组合键,打开"文件(F)"菜单,再按 C 键(即选择"关闭"命令),关闭"资源管理器"窗口。

(8) 练习打开和使用"控制菜单"。

练习步骤:

① 双击"回收站"图标,打开其窗口,如图 2.5 所示。

图 2.5　窗口的控制菜单

② 单击"控制菜单"区域(窗口左上角),从弹出的控制菜单中选择"移动"命令,再使用方向键,移动窗口到合适位置,按 Enter 键确定窗口新位置。

③ 单击"控制菜单"按钮,选择"关闭"命令,关闭窗口。

④ 选择"开始|所有程序|附件|计算器"命令,打开"计算器"窗口,如图 2.6 所示,单击"控制菜单"按钮,从弹出的控制菜单中选择"最小化"命令,使该程序缩小为任务栏中的一个图标按钮,单击这个图标按钮,可再次打开"计算器"窗口。单击"控制菜单"按钮,按 C 键,关闭窗口。

⑤ 双击"计算机"图标,打开其窗口;单击窗口左上角,从弹出的控制菜单中选择"大小"命令,使用方向键,适当调整窗口大小,按 Enter 键确定窗口的大小;双击窗口左上角(控制菜单区域),关闭"计算机"窗口。

(9) 使用任务栏和设置任务栏。

练习步骤:

① 分别双击"计算机"和"回收站"图标,打开对应的两个窗口。

② 右击任务栏的空白处,调出任务栏的快捷菜单,分别选择其中的"层叠窗口"、"堆

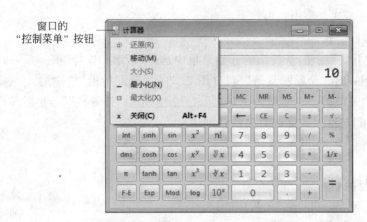

窗口的"控制菜单"按钮

图 2.6　计算机器窗口"控制菜单"按钮

叠显示窗口"、"并排显示窗口"命令,观察已打开的两个窗口的不同排列方式。

　　③ 从任务栏快捷菜单中选择"属性"命令,出现"任务栏和「开始」菜单属性"对话框的"任务栏"选项卡,如图 2.7 所示。从"任务栏外观"栏中选择"自动隐藏任务栏"等复选框,观察任务栏的变化;再取消对"自动隐藏任务栏"等复选框的选择,观察任务栏的存在方式又有何变化。

图 2.7　"任务栏和「开始」菜单属性"对话框的"任务栏"选项卡

　　④ 在图 2.7 所示对话框的"任务栏外观"栏中,单击"屏幕上的任务栏位置"右侧的向下按钮,尝试选择任务栏在屏幕上的不同位置,单击"确定"按钮后观察任务栏位置的变化,最终复原其回屏幕底部。

　　注意:任务栏通知区域(也称系统区)中的"网络"等图标不显示时,可在图 2.7 所示对话框的"通知区域"栏中单击"自定义"按钮,再从出现的对话框中进行设置。

（10）再练习从系统中获得帮助信息。

练习步骤：

① 单击"开始"按钮，从弹出的开始菜单中选择"帮助和支持"项。

② 在"Windows 帮助和支持"窗口（图 2.2）的"搜索帮助"栏中输入一些需要系统提供帮助信息的关键词，如"创建快捷方式"、"开始菜单"、"任务栏"等，然后单击"搜索帮助"按钮 🔍，可得到与这些关键词有关的帮助信息。

练习二　程序管理

1. 练习目的

熟悉和了解 Windows 7 的程序管理。

（1）熟悉程序的启动和关闭。

（2）熟悉程序的切换。

（3）了解程序快捷方式的创建。

2. 练习内容

（1）利用不同方法启动应用程序。

练习步骤：

① 利用"开始"菜单启动"记事本"程序。

操作提示：选择"开始|所有程序|附件|记事本"命令。

② 利用"搜索程序和文件"栏，启动"画图"程序。

操作提示：在"开始"菜单中的"搜索程序和文件"栏中输入"mspaint.exe"，开始菜单区域将显示搜索结果，单击链接"mspaint"，即可启动"画图"程序。

（2）用不同方法在运行的程序窗口间切换。

练习步骤：

① 利用任务栏：在任务栏活动任务区中，单击打开的"记事本"和"画图"程序的对应按钮，在两个程序窗口之间切换。

② 利用快捷键 Alt＋Tab：按住 Alt 键（不松手），反复按 Tab 键，在上述两个程序之间切换。

③ 利用 Windows＋Tab 键：按住 Windows 键（不松手），反复按 Tab 键，在上述两个程序之间切换。

（3）用不同方法关闭程序窗口（即终止程序运行）。

练习步骤：

① 关闭"记事本"窗口：从"记事本"窗口的"文件"菜单中选择"退出"命令（即选择"文件|退出"命令），或按 Alt＋F4 组合键关闭其窗口。

② 单击"画图"窗口中的"关闭"按钮 ❌ ，或双击窗口中的"控制菜单"按钮，关闭其窗口。

（4）在桌面上创建计算器程序 calc.exe 的快捷方式，并命名为"计算器"。

练习步骤：

① 在桌面的空白处右击，从桌面快捷菜单中选择"新建|快捷方式"命令。

② 在"创建快捷方式"对话框的"请键入对象的位置"文本框中输入"calc.exe"（或单击该对话框中的"浏览"按钮，找到 calc.exe 程序，选定并打开之），单击"下一步"按钮。

③ 在"键入该快捷方式的名称"栏中输入"计算器"，单击"完成"按钮。

（5）在某一个文件夹中，建立程序 mspaint.exe 的快捷方式，并命名为"画图"。

练习步骤：

① 打开这个文件夹，在空白处右击，从快捷菜单中选择"新建|快捷方式"命令。

② 在"创建快捷方式"对话框的"请键入对象的位置"文本框中输入"mspaint.exe"（或单击该对话框中的"浏览"按钮，找到 mspaint.exe 程序，选定并打开之），单击"下一步"按钮。

③ 在"键入该快捷方式的名称"栏中输入"画图"，单击"完成"按钮。

练习三 利用"资源管理器"进行文件和文件夹的管理

1. 练习目的

（1）掌握"资源管理器"的使用。

（2）掌握利用"资源管理器"进行文件和文件夹的管理。

2. 练习内容

说明：在公用机房中，学生上机练习时使用的学生文件夹通常由任课教师指定对应的硬盘和文件夹名。本练习中设学生文件夹建立在 E 盘，命名为 STUDENT1。本章后续练习内容中提到学生文件夹即指 E:\STUDENT1，不再赘述。为避免雷同，保存练习文件的学生文件夹还常用学生的学号或姓名来命名。

（1）练习新建文件夹：在 E 盘中新建 STUDENT1 文件夹。

练习步骤：

① 打开资源管理器，在资源管理器的导航窗格中单击 E 盘图标或标识名。

② 在右窗格的空白处右击，从快捷菜单中选择"新建|文件夹"命令，出现的新文件夹名为"新建文件夹"，并处于编辑状态，立即将其更改为"STUDENT1"，按 Enter 键确认。

（2）展开下一层文件夹，并再练习新建文件夹：展开 E 盘的下一层文件夹，在学生文件夹 STUDENT1 下建立两个子文件夹 MUSIC 和 STUDY，再在 STUDY 文件夹下建立子文件夹 ENGLISH。

练习步骤：

① 在资源管理器的导航窗格中，单击 E 盘左边的"▷"符号，展开其下一层文件夹，单击选定 E 盘下的 STUDENT1 图标或标识名。

② 在右窗格的空白处右击，从快捷菜单中选择"新建|文件夹"命令；将"新建文件夹"名更改为"MUSIC"，按 Enter 键确认。用类似方法建立文件夹 STUDY。

③ 在资源管理器的导航窗格中，单击 STUDENT1 文件夹左边的"▷"符号，展开其下一层文件夹，单击选定 STUDENT1 下 STUDY 文件夹的图标或标识名，在右窗格的空白处右击，从快捷菜单中选择"新建|文件夹"命令，将"新建文件夹"名更改为"ENGLISH"，按 Enter 键确认。

（3）复制和更名文件夹：将 ENGLISH 文件夹复制到 MUSIC 文件夹中，并更名为 EMUSIC。

练习步骤：

① 复制 ENGLISH 文件夹到 MUSIC 文件夹：在上述练习的基础上，按住 Ctrl 键，将右窗格中的 ENGLISH 文件夹拖动到导航窗格的 MUSIC 文件夹上，松开鼠标键（因为是在相同磁盘中复制文件，用鼠标直接拖动法复制 MUSIC 时，必须借助 Ctrl 键），再放开 Ctrl 键。执行完后，查看 STUDY 文件夹下是否仍有 ENGLISH，以确认是"复制"而不是"移动"文件。

② 将 MUSIC 文件夹中的 ENGLISH 子文件夹更名为 EMUSIC：在资源管理器的导航窗格中，单击选定 MUSIC 文件夹，在右窗口中右击文件夹 ENGLISH，从快捷菜单中选择"重命名"命令，输入新名字 EMUSIC 后按 Enter 键确认。

③ 在导航窗格中，单击 MUSIC 文件夹左边的 ▷ 符号，展开其下一层文件夹。

（4）复制多个文件到不同文件夹：将 Windows 系统盘中\WINDOWS\MEDIA 文件夹下的文件 ir_begin. wav、ir_end. wav、onestop. mid 和 flourish. mid 复制到新建的文件夹 MUSIC 中。

练习步骤：

① 在资源管理器的导航窗格中，选定 Windows 系统盘中的 WINDOWS 文件夹下的 MEDIA 文件夹。

② 在右窗格中选定 ir_begin. wav、ir_end. wav、onestop. mid 和 flourish. mid 4 个文件（提示：选定不连续的多个文件，必须借助 Ctrl 键），执行"编辑|复制"命令。

③ 在资源管理器的导航窗格中，选定 E 盘 STUDENT1 文件夹下的 MUSIC 文件夹，执行"编辑|粘贴"命令。

（5）在同一文件夹中复制并更名文件：将 MUSIC 文件夹中的文件 ir_begin. wav 在同一文件夹中复制一份，并更名为 begin. wav。

练习步骤：

① 在上一个练习选定 MUSIC 文件夹的情况下，在右窗格中选定文件 ir_begin. wav，执行"编辑|复制"命令，再执行"编辑|粘贴"命令，将在 MUSIC 文件夹中产生一个名为"复件 ir_begin. wav"的文件。

② 右击文件"复件 ir_begin. wav"，从其快捷菜单中选择"重命名"命令，输入新名字"begin. wav"后，按 Enter 键确认。

（6）用鼠标拖动法复制文件：将 MUSIC 文件夹中的 onestop. mid 复制到 STUDY 文件夹中。

练习步骤：

① 在上一个练习选定 MUSIC 文件夹的情况下，在右窗格中将鼠标指向 onestop. mid 文件，按住 Ctrl 键，拖动其到导航窗格的 STUDY 文件夹上，松开鼠标键，再放开 Ctrl 键。

② 查看 MUSIC 文件夹和 STUDY 文件夹，若其中均有该文件，可确认是"复制"文件而不是"移动"文件。

注意：练习三进行到此，E 盘的 STUDENT1 文件夹下的内容结构应如图 2.8 所示，即 STUDENT1 文件夹下有 2 个子文件夹 STUDY 和 MUSIC；STUDY 文件夹下有 1 个子文件夹 ENGLISH 和 1 个文件；MUSIC 文件夹下有 1 个子文件夹 EMUSIC 和 5 个文件，请参考图 2.8 进行自检。

(7) 一次复制多个文件：将 MUSIC 文件夹中的几个.wav 文件同时选中，复制到 STUDY 文件夹中。

练习步骤：

① 在资源管理器的导航窗格中选定 MUSIC 文件夹，在右窗格中借助 Ctrl 键选定 3 个.wav 文件，执行"编辑|复制"命令。

② 在资源管理器的导航窗格中选定 STUDY 文件夹，在右窗格中执行"编辑|粘贴"命令。

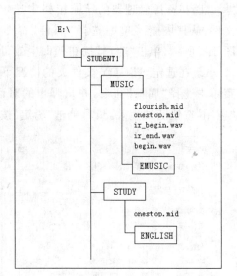

图 2.8　完成练习三(6)后的 STUDENT1 文件夹的结构

(8) 删除文件，恢复删除文件：删除 MUSIC 文件夹中的 ir_end.wav 文件，再恢复该文件。

练习步骤：

① 在资源管理器的导航窗格中选定 MUSIC 文件夹，在右窗格中选定 ir_end.wav 文件，执行"文件|删除"命令或单击"组织"按钮，选择"删除"命令。

② 执行"编辑|撤销删除"命令或单击"组织"按钮，选择"撤销"命令，撤销对 ir_end.wav 文件的删除，即恢复该文件。

(9) 移动文件：将 MUSIC 文件夹中的 ir_end.wav 文件移动到 STUDY 文件夹中。

练习步骤：

① 在资源管理器的导航窗格中选定 MUSIC 文件夹，在右窗格中选定 ir_end.wav 文件，执行"编辑|剪切"命令。

② 在资源管理器的导航窗格中选定 STUDY 文件夹，在右窗格执行"编辑|粘贴"命令。

操作提示：STUDY 文件夹中已有 ir_end.wav 文件，执行粘贴时，系统将会出现"此位置已经包含同名文件。"的提示，可选择"移动和替换"，使用正在移动的 ir_end.wav 文件替换目标文件夹中的文件。

(10) 删除文件夹：删除 MUSIC 下的子文件夹 EMUSIC。

练习步骤：在资源管理器的导航窗格中选定 MUSIC 文件夹，在右窗格中选定文件夹 EMUSIC，执行"文件|删除"命令或单击"组织"按钮，选择"删除"命令。

(11) 设置文件或文件夹的属性：设置 STUDY 文件夹中的文件 ir_end.wav 的属性为只读，设置其子文件夹 ENGLISH 的属性为隐藏。

练习步骤:

① 在资源管理器的导航窗格中选定 STUDY 文件夹,在右窗格中右击 ir_end. wav 文件,从其快捷菜单中选择"属性"命令,并从弹出的对话框中选择"只读"复选框,如图 2.9 所示,单击"应用"按钮随即生效,最后单击"确定"按钮。

② 在选定 STUDY 文件夹的情况下,在右窗格中右击 ENGLISH 文件夹,从其快捷菜单中选择"属性"命令,并从弹出的对话框中选择"隐藏"复选框,如图 2.10 所示,单击"应用"按钮随即生效,最后单击"确定"按钮。

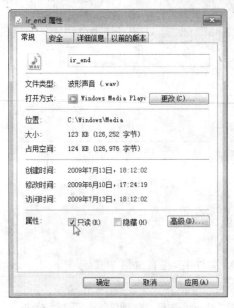

图 2.9 文件属性设置对话框一

图 2.10 文件夹属性设置对话框二

(12) 显示或隐藏文件扩展名。

练习步骤:

① 在任一个文件夹窗口中,选择"工具|文件夹选项"命令(或单击"组织"按钮选择"文件夹和搜索选项"命令),打开"文件夹选项"对话框,从中选择"查看"选项卡,选择"隐藏已知文件类型的扩展名"复选框,如图 2.11 所示,可实现隐藏所有文件扩展名的目的。观察文件夹窗口中文件名的显示方式,进行验证。

② 同样地,若在"查看"选项卡中取消对"隐藏已知文件类型的扩展名"复选框的选择(单击之前的方框,使其中的√消失),可实现显示所有文件扩展名的目的。观察文件夹窗口中文件名的显示方式,进行验证。

(13) 显示或隐藏具有隐藏属性的文件。

练习步骤:

① 在任一个文件夹窗口中,选择"工具|文件夹选项"命令,打开"文件夹选项"对话框,从中选择"查看"选项卡,选择"不显示隐藏的文件、文件夹或驱动器"单选按钮,如图 2.11 所示,可实现隐藏所有具有隐藏属性的文件的目的。观察某些具有隐藏属性的文件或文件夹的显示情况,进行验证。

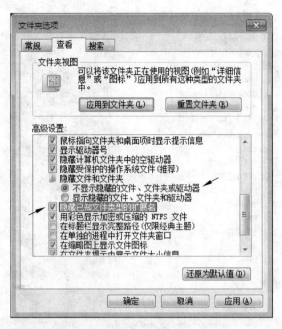

图 2.11 "文件夹选项"对话框

② 同样地,若在"查看"选项卡中选择"显示隐藏的文件、文件夹或驱动器"单选按钮,可令具有隐藏属性的所有文件、文件夹和驱动器得以显示。观察文件夹窗口中有关文件或文件夹的显示情况,进行验证。

(14) 在指定文件夹 STUDY 中建立程序 mspaint.exe 的快捷方式,命名为"画图"。

练习步骤:

① 在资源管理器的导航窗格中选定 STUDY 文件夹,在右窗格空白处右击,从快捷菜单中选择"新建|快捷方式"命令。

② 在"创建快捷方式"对话框的"请键入对象的位置"文本框中输入"mspaint.exe"(或单击该对话框中的"浏览"按钮,找到 mspaint.exe 程序,选定并打开之),单击"下一步"按钮。

③ 在"键入该快捷方式的名称"栏中输入"画图",单击"完成"按钮。

(15) 搜索文件或文件夹:在"计算机"中搜索文件 ir_end.wav 和文件夹 MUSIC。

方法一:单击"开始"按钮,在"开始"菜单(图 2.12)的"搜索程序和文件"文本框中输入准备搜索的对象。

方法二:在资源管理器的导航窗口中选定搜索的位置,在搜索文本框中(图 2.13 的箭头所指处)输入全部或部分文件名,系统即开始搜索,并把结果显示在右窗格中。

练习四 了解 Windows 7 更多功能

1. 练习目的

(1) 进一步熟悉 Windows 7 的帮助系统。

(2) 学会使用网络,共享网上资源。

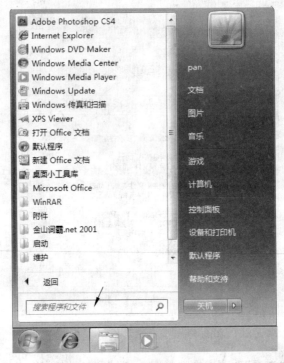

图 2.12　"开始"菜单

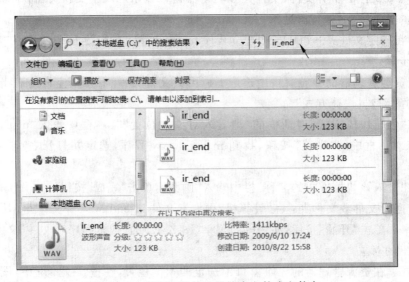

图 2.13　利用资源管理器搜索文件或文件夹

（3）了解 Windows 7 的一些设备管理功能。

（4）初步掌握 Windows 7 提供的一些办公应用程序。

（5）学会了解计算机的 CPU 型号和主频以及内存大小等。

（6）了解任务栏右侧通知区域中图标行为的设置。

2. 练习内容

(1) 进一步熟悉 Windows 7 的帮助系统。

① 利用"开始|帮助和支持"项寻求系统帮助。

可参考"练习一　熟悉 Windows 7 操作系统界面与鼠标的使用"中练习内容(1)和(10)的操作。

② 利用窗口的"帮助"菜单寻求帮助。

打开"资源管理器"窗口(图 2.13)或"控制面板"等窗口(图 2.14),选择"帮助"菜单中的"查看帮助"命令,或按 F1 功能键。

图 2.14　控制面板窗口

③ 利用窗口的"问号"按钮 ❷ 寻求帮助。

打开"资源管理器"窗口,如图 2.13 所示,单击窗口工具栏中的"问号"按钮 ❷,可获得帮助。

(2) 学会通过网络共享网上资源。

操作提示:

① 从网络上的其他计算机中获取信息:在桌面上双击"网络"或在资源管理器左侧导航窗格中单击"网络",在"网络"窗口搜寻教师机上的共享文件夹 GXWJ,将其中的练习用素材文件复制到本地机的学生文件夹 E:\STUDENT1 中。

② 将自己计算机里学生文件夹中的信息提供给网络上的其他计算机共享:打开资源管理器,在导航窗格中展开 E 盘,右击学生文件夹 STUDENT1,从该文件夹的快捷菜单中选择"共享|特定用户"命令,再在"文件夹共享"对话框中进行设定。

(3) 了解 Windows 7 的一些设备管理功能,如日期和时间设置、打印机属性设置等。

练习步骤:

① 用以下任一种方法,打开控制面板。

• 选择"开始|控制面板"命令。

- 双击桌面上的"控制面板"项。

打开的控制面板窗口如图 2.14 所示。

② 选择控制面板中的一些常用项,了解 Windows 7 的一些设备管理功能:

- 在控制面板窗口选择"时钟、语言和区域"项,再选择"日期和时间",尝试进行日期和时间的设置。
- 在控制面板窗口中选择"硬件和声音"项,再选择"查看设备和打印机",右击打印机对应的图标,从快捷菜单中选择"打印机属性"命令,可了解和设置打印机属性。
- 在控制面板窗口中选择"硬件和声音"项,再选择"查看设备和打印机",右击鼠标对应的图标,从快捷菜单中选择"鼠标设置"命令,可了解和设置鼠标的属性。
- 在控制面板窗口中选择"时钟、语言和区域"项,再选择"更改键盘和其他输入法",可了解和设置键盘的有关属性。

(4) 了解和使用 Windows 7 提供的办公应用程序。

练习步骤:

① 选择"开始|所有程序|附件|画图"命令启动"画图",尝试使用画图中的各种工具绘制一个图形文件,保存在学生文件夹中,命名为 thlx.bmp。

保存文件的操作提示如下。

- 在"画图"窗口中单击标题栏中的"保存"按钮或按 Ctrl+S 组合键,出现"保存为"对话框。
- 在"保存位置"栏中选中 E 盘下的学生文件夹 STUDENT1,如图 2.15 所示。

图 2.15 保存文件对话框(注意位置、文件名和文件类型)

- 在"保存类型"栏中选择"24 位位图(＊.bmp;＊.dib)",在"文件名"栏输入"thlx.bmp",最后单击"保存"按钮。

② 选择"开始|所有程序|附件|计算器"命令启动"计算器",尝试利用其完成各种计算和单位换算等。

③ 选择"开始|所有程序|附件|记事本"命令启动"记事本",输入你入大学后的最深感受,保存在学生文件夹中,命名为 jsblx. txt。

操作提示：记事本中内容的输入可在学习第 3 章后再进行。

(5) 了解自己所用计算机的 CPU 型号和主频以及内存、虚拟内存大小等。

练习步骤：

① 右击桌面上的"计算机"图标,从快捷菜单中选择"属性"命令,或从"控制面板"窗口(图 2.14)中选择"系统和安全",再选择"系统",会出现如图 2.16 所示的窗口,从中可了解计算机的 CPU 型号和主频以及内存大小等。

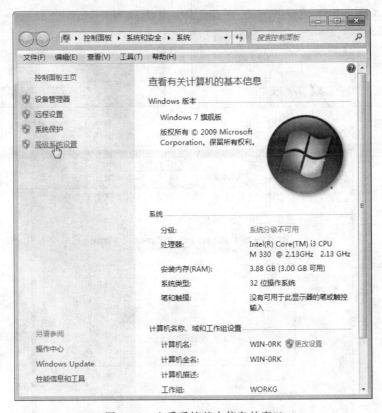

图 2.16　查看系统基本信息的窗口

② 在图 2.16 所示窗口左边单击"高级系统设置",弹出如图 2.17 所示的对话框,单击"高级"选项卡"性能"栏中的"设置"按钮,打开"性能选项"对话框,如图 2.18 所示,在"高级"选项卡中可以了解虚拟内存的大小,当确实需要修改时,可单击"更改"按钮。

(6) 了解任务栏右侧通知区域中图标行为的设置。例如,使消失的"音量(扬声器)"图标能再次显示。

练习步骤：

① 右击任务栏空白处,从快捷菜单中选择"属性"命令,弹出如图 2.7 所示的对话框;单击"通知区域"栏中的"自定义"按钮,弹出如图 2.19 所示的窗口。

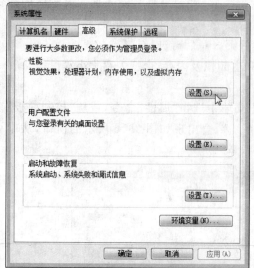

图 2.17 "系统属性"对话框

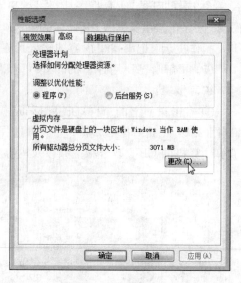

图 2.18 "高级"选项卡

图 2.19 自定义任务栏的通知区域

② 从列表中选择一个项目,如"音量",再单击其右端的向下箭头,从中选择其通知行为,如"显示图标和通知"或"隐藏图标和通知"等。

练习五 文件夹管理再练习

1. 练习目的

创建用于保存课程各章练习生成文件的文件夹,进一步熟悉文件夹的管理。

2. 练习内容

在练习用计算机的开放硬盘中(这里设为 D 盘)建立如图 2.20 所示的文件夹及子文件夹,还可以根据需要自行增加必要的子文件夹,用于分别保存课程各章练习所创建的文件。上层文件夹名 090601017 请用练习者自己的学号或姓名来取代,以避免在同一台练习用计算机中产生文件夹同名的问题,下层文件夹有:存放练习素材的文件夹(lianxi_sc,某些练习用素材可以从教材的相关网站上下载),存放 Word 练习生成文件的文件夹(word_lianxi)等,注意文件夹名中使用的是下划线。

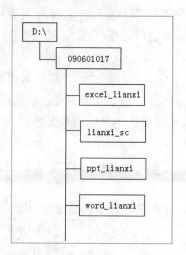

图 2.20　分别保存课程各章练习的文件夹

第3章 中英文键盘输入法

3.1 思 考 题

1. 中文打字键盘的基本键位是哪几个键？打字时击键后的手指应安放在什么位置？

【答】 中文打字键盘的基本键位是指"F D S A"和"J K L；"这八个键,打字时击键后的手指应安放基本键位上。

2. 计算机汉字输入大体上分为几种方式？目前最常用的是哪一种方式？

【答】 计算机汉字输入大体分为以下几种方式：键盘输入、扫描识别输入、手写识别输入、语音识别输入等。目前最常用的仍是键盘输入方式。

3.2 选 择 题

1. 汉字输入的方法很多,目前最常使用还是通过(D)输入来实现。
   (A) 扫描仪　　　　　　　　　　(B) 语音识别
   (C) 手写板笔写　　　　　　　　(D) 键盘
2. 键盘打字要达到高速度,同打字术有关。打字术最好的方式是(D)。
   (A) 单指击键　　　　　　　　　(B) 两指看键击键
   (C) 既看键盘又看稿子击键　　　(D) 触觉打字(盲打法)
3. 手指击键后,只要时间允许都应立即退回基本键位。基本键位是指(B)。
   (A) T R E W Q 和 Y U I O P　　(B) A S D F 和 J K L；
   (C) B V C X Z 和 N M,. /　　　(D) 主键盘区的最下行

3.3 填 空 题

1. 进入 Windows 7 系统后,要进入智能 ABC 汉字输入方式一般应按Ctrl＋空格键,如果不是,可使用组合键Ctrl＋Shift 切换到智能 ABC 输入法。

2. 在汉字键盘输入法中,从一种汉字输入法切换至另一种输入法,一般使用组合键Ctrl＋Shift；要暂时退出汉字输入方式返回英文输入状态应按Ctrl＋空格键。

3. 在智能 ABC 标准汉字输入状态下,要输入一个单字的规则是输入全拼加空格,输入一双字词的规则是输入全拼、简拼或混拼,输入三字词或三字以上多字词的规则是输入简拼或全拼、混拼。

3.4 上机练习题

练习一 英文打字基本技术训练

1. 练习目的

(1) 熟悉键盘布局。

(2) 熟练掌握正确的键盘击键方法。

2. 练习内容

(1) 选择"开始|所有程序|附件|记事本"命令，启动"记事本"。（注：本章上机练习均可以在记事本或 Word 中进行，练习完毕，可以保存文件，也可以不保存文件。）

操作提示：①输入内容有错时，可用退格键 ＜←Backspace＞或删除键＜Delete＞删除。②另起一段，可按 Enter 键＜Enter＞。③＜Caps Lock＞键锁定在小写状态时，输入大写字母可借助＜Shift＞键；④双字符键的上档字符的输入也是借助＜Shift＞键。

(2) 进行 F,D,S,J,K,L 及空格键的练习。把以下内容各输入 10 遍。

　　① fff jjj ddd kkk sss lll　　　　　② fds jkl fds jkl fds jkl

　　③ dkdk fjfj dkdk fjfj dkdk fjfj　　④ fjdksl fjdksl fjdksl fjdksl

(3) 加入 A 和 ；两个键进行练习。把以下内容各输入 10 遍。

　　① aaa ;;; aaa ;;; aaa ;;;　　　　② asdf ;lkj asdf ;lkj asdf ;lkj

　　③ as;l as;l as;l as;l as;l as;l　　④ aksj aksj aksj aksj

(4) 加入 E 和 I 两个键进行练习。把以下内容各输入 10 遍。

　　① ded kik ded kik ded kik　　　　② fed ill fed ill fed ill

　　③ sail kill file desk　　　　　　　④ laks less like sell deal leaf

　　⑤ all a like like a leaf a lad said a faded leaf a fad fell sell a desk

(5) 加入 G 和 H 两键练习。把以下内容各输入 10 遍。

　　① ghgh ghgh ghgh ghgh ghgh ghgh　② shsg shsg shsg shsg shsg shsg

　　③ gah; gah; gah; gah; gah; gah;

(6) 再加入 R,T,U,Y 各键练习。把以下内容各输入 10 遍。

　　① fgf jhj had glad high glass gas half edge shall sih

　　② juj ftf jyj used sure yart tried

　　③ a great hurry a great deal half a year

　　　he tells us a great deal　　　　　let us all start early

　　　tell us the street　　　　　　　　this is the street

　　　read the letter　　　　　　　　　a rather hard day

　　　has age she leg head hall　　　　gale fish hill ledg shelf high hill

　　　later this year; rather late　　　 get the right result

　　　there is just a little left　　　　at a future date

　　　use the regular retrace　　　　　suggest further tests

　　　the usual results; straight ahead; at least a year

(7) 加入 W,Q,O,P 各键练习。把以下内容各输入 10 遍。

will hold pass quit look park pul   swell equal told quat world

follow the path as far as it goes   it is quite short

you are aware

(8) 加入 V,B,M,N 各键练习。把以下内容各输入 10 遍。

land save mark bond bank milk，moves gives build send mail

a kind man；above the door；a big demand between games；

made a mistake；both hand；in the meantime；every line

we believe that the measures we have taken are important

between you and me, the situation seems to be very good

let us know whether this sample meets your requirements

a letter may not arrive in time. better send a telegram.

(9) 加入 C,X,Z,? 各键练习。把以下内容各输入 10 遍。

car six size cold fox zoo next   exit seize；one dozen；example

much too cold；above zero；   how old？Fox？tax expert；

It is Alex I have brought you a prize

make it a practice always to save part of your income

(10) 输入以下英文句子。

① The world needs large amounts of mineral oil because it is a very useful fuel. Many different kinds of oil are always in use; aircraft need finer oil than cars or railway engines.

② The mineral oil in the prude is petroleum. Very often there is gas with it, and both are under pressure. The oil cannot escape because rock or clay holds it down；but it can escape when the drill makes a hole. Then the oil sometimes rushes up the hole and rises high into the air above the ground.

(11) 输入以下数字和符号。

0 1 2 3 4 5 6 7 8 9 ！ ＃ ％ ＆ （ @ $ ^ /

*) ? — = _ + { } ; ' , . < > : " ~ |

练习二　汉字输入练习

1. 练习目的

(1) 熟悉汉字输入方法的选择。

(2) 熟悉智能 ABC 汉字输入法。

2. 练习内容

(1) 在英文输入状态下,输入以下汉语拼音。

① zhonghua renmin gongheguo（中华人民共和国）

② xuexi jisuanji zhishi he yingyong（学习计算机知识和应用）

③ jisuanji jiehe dianzi tongxin jishu（计算机结合电子通信技术）

（2）在按 Ctrl＋Space 组合键后处于中文输入状态的情况下，用以下任一种方式选择智能 ABC 输入法。

① 单击任务栏的语言指示器图标进行选择，如图 3.1 所示。

② 按 Ctrl ＋ Shift 组合键若干次进行选择。

注意：当选定一种汉字输入方法后，按 Ctrl＋空格键可以切换到英文输入状态，再按一次 Ctrl＋空格键又可以切换回这种汉字输入方法。

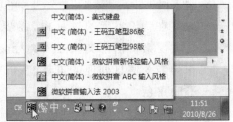

图 3.1　单击任务栏语言指示器图标弹出的输入选择列表

（3）在智能 ABC 输入状态下，利用键盘输入以下汉字标点符号。

、　。　！　？　——　……　"　"　'　'　；　，　：《　》

（4）在智能 ABC 输入状态下，练习单个汉字的输入。

① 用全拼音输入以下单字（汉字后面的括号内是输入码，以下同）。

源（yuan）　砥（di）　励（li）　健（jian）　记（ji）　籍（ji）

注意：用"［"键和"］"键前后翻页查找所需的字；同样的字可输入若干次，以验证系统的词调频功能。

② 用简拼输入以下单字（按括号内的输入码，再按空格键即可）。

去（q）　我（w）　饿（e）　日（r）　他（t）　有（y）　一（i）
是（s）　的（d）　发（f）　个（g）　和（h）　就（j）　可（k）　了（l）

③ 利用"以词定字"的方法输入以下单字。

健（jiankang［）　砥（dizhu［）　记（jizhe［）
源（laiyuan］）　励（guli］）　　器（jiqi］）

④ 为以下单字联想一个词，然后用"以词定字"的方法输入这些字。

基　礼　院　维　览　歉　研　育　舒　邮

（5）在智能 ABC 输入法状态下，练习汉字词和句子的输入。

① 分别用全拼、混拼、简拼输入以下双音节词，并比较取词的快慢。

管理　学习　先进　科学　技术　知识　技能　世纪　战略

例："管理"可用 guanli、guanl、gli、gl 分别输入。

② 利用简拼输入以下多音节词。

计算机　办公室　自动化　数据库　天安门　中华人民共和国

③ 输入以下句子（注意按词输入，注意按空格键断词）。

• 电子计算机技术的发展及其与电信电视技术的结合带来了深刻的信息革命。

• 计算机知识和应用能力已经成为人们知识结构中不可缺少的组成部分。

④ 利用"定义新词"功能记忆以下非规范词，再利用外码输入这些词。

二十一世纪　信息高速公路　中关村科技园区

注意："定义新词"功能的使用见本章下面的"附：关于汉字输入基本训练的一些说明"。输入自定义的新词时,应先输入字母 u,再输入自定义的外码。

⑤ 输入以下段落。

- 人类在认识世界的过程中,逐步认识到信息、物质材料和能源是构成世界的三大要素。信息交流在人类社会文明发展过程中发挥着重要的作用,计算机作为当今信息处理的工具,在信息获取、存储、处理、交流、传播方面充当着核心的角色。

- 人类历史上曾经历了 4 次信息革命:第一次是语言的使用,第二次是文字的使用,第三次是印刷术的发明,第四次是电话、广播、电视的使用。而从 20 世纪 60 年代开始的第五次信息革命,则是计算机与电子通信技术相结合的产物。

附：关于汉字输入基本训练的一些说明

(1) 汉字输入主要是训练敏捷准确的即时编码能力,也就是见汉字则立即给出输入码的快速反应能力,而其基础是熟练掌握英文键盘的击键方法和技巧。训练方法有以下几种。

① 步进式练习。先就基本键位的 S、D、F 及 J、K、L 键做一批输入练习;再加入 A、;、E 和 I 键做一批练习;补齐基本键位排各键做练习;中指上、中、下三排的练习;加入食指后的练习,等等。

② 重复式练习。可选择一些英、汉文语句或短文,每个反复打二三十遍,记录并比较每遍完成的时间。

③ 集中练习法。集中一段时间练习打字,取得显著效果后再细水长流地练习。

④ 坚持训练盲打。不看键盘,开始时绝对不要贪求速度。

(2) 坚持正确的打字姿势,如图 3.2 所示。

图 3.2　正确的打字姿势

(3) 坚持正确的击键指法,明确手指分工(参见图 3.3),坚持不看键盘(盲打)。

(4) 借助键盘指法练习软件,提高训练的兴趣和效率。这些指法练习软件如 TT 软件、文字录入速度测试系统、机器猫打字游戏等。

(5) 智能 ABC 输入法的"定义新词"功能简介。

用以下方法实现"定义新词"和输入新词。

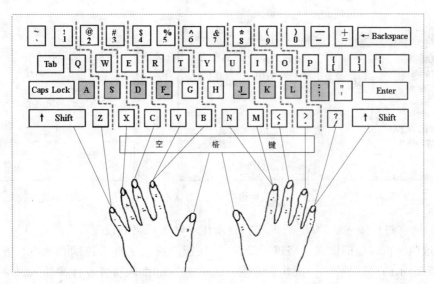

图 3.3　正确击键的手指分工示意图

① 右击"语言栏",从快捷菜单中选择"设置"命令,如图 3.4 所示,将弹出"文本服务和输入语言"对话框,如图 3.5 所示,选中"中文(简体)—微软拼音 ABC 输入法",单击"属性"按钮,出现图 3.6 所示的"Microsoft 微软拼音 ABC 输入风格设置选项"对话框。

图 3.4　从语言栏快捷菜单中选择"设置"命令

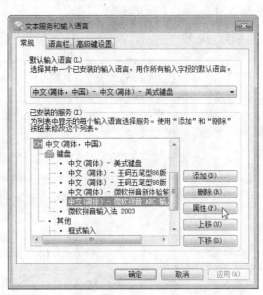

图 3.5　"文本服务和输入语言"对话框

② 在图 3.6 所示的对话框中,单击"用户自定义词工具"按钮,出现图 3.7 所示的"ABC 定义新词"对话框。在该对话框中输入新词、外码,单击"添加"按钮,之后新词将出现在"浏览新词"栏中,最后单击"关闭"按钮。

③ 使用 ABC 输入法输入自定义的新词时,应先输入字母 u,再输入自定义的外码。

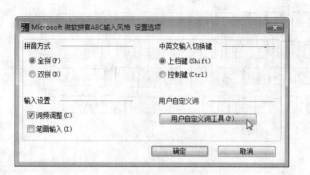

图 3.6 "Microsoft 微软拼音 ABC 输入风格设置选项"对话框　　图 3.7 "ABC 定义新词"对话框

（6）微软拼音输入法 2003 或微软拼音新体验输入风格的设置。

对这两种输入法的输入风格进行设置，往往能加快汉字输入速度和效率。方法是在如图 3.5 所示的对话框选中"微软拼音输入法 2003"或"微软拼音新体验输入风格"，单击"属性"按钮，在弹出的如图 3.8 所示对话框的"常规"或"高级"选项卡中进行设置。

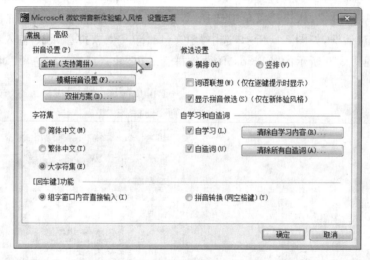

图 3.8 "Microsoft 微软拼音新体验输入风格设置选项"对话框

第4章 文字处理软件 Word 2003

4.1 思 考 题

1. 借助 Office 的帮助功能了解 Office 和 Word 的功能。

【答】 借助 Office 的帮助功能了解 Office 和 Word 的功能可以用以下方法。

(1) 选择 Office 各应用程序"帮助"菜单的第一个命令(图 4.1)或按 F1 功能键,在出现的 Word"帮助"任务窗格的搜索栏中输入"Office 的功能"或"Word 的功能",再单击"开始搜索"按钮,可得到相关的帮助列项。

(2) 选择"帮助"菜单项中的第二个命令,单击 Office 助手,出现如图 4.2 所示的"请问您要做什么?"对话框。在文本框中输入"Office 功能"或"Word 的功能",单击"搜索"按钮,同样可得到相关的帮助列项。

图 4.1 Word 的"帮助"菜单

图 4.2 Office 助手对话框

当使用的计算机与 Internet 连通时,选择"帮助|Microsoft Office Online"命令,可以与全球广域网上的 Microsoft Web 节点或其他节点连接,可获得关于 Office 和 Word 的功能的更多、更新信息。

2. Word 窗口有哪些主要组成元素?"常用"工具栏和"格式"工具栏中各命令按钮的功能是什么?

【答】 Word 窗口的主要组成元素有标题栏、菜单栏、工具栏、标尺、状态栏以及工作区等,还可能出现快捷菜单等元素。

选用的视图不同,显示出的屏幕元素也不同。用户自己也可以控制某些屏幕元素的显示或隐藏,例如标尺的显示或隐藏可以利用"视图|标尺"命令。

(1) 标题栏。其中显示应用程序名——Microsoft Word 和正在编辑的文档名(当该文档窗口处于最大化时)。

(2) 菜单栏。即 Microsoft Word 提供的程序菜单,各菜单项中包含了 Word 提供的各种文字处理命令。

(3) 工具栏。是 Word 为文档管理、文字编辑、排版、图形处理等提供的一种执行命令的方便方式。每种工具栏由许多"图标按钮"构成,每个图标按钮对应一条命令。用鼠标单击某工具栏中的某个图标按钮,便可以执行所对应的一种命令。但是,工具栏所提供的命令只是 Word 提供的一部分常用的命令。工具栏不是一成不变的,其中的一些命令按钮会随用户的操作发生变化(如 Word"常用"工具栏中的"插入表格"按钮);用户还可以根据需要对工具栏中的按钮进行添加或删除。

(4) 工作区。当 Word 创建的文档处于最大化状态时,Word 的工作区成为文本编辑区,即输入和编辑文字和图形的区域。文本区的左边有一个专门用于快捷选定文本块的区域——"选定区"。

(5) 状态栏。位于窗口底部,显示出当前文档的有关信息,如插入点所在页的页码、节,插入点所在的行、列位置,一些键盘按键的状态,英文拼写和语法检查状态等。状态栏左边有各视图方式按钮,从左至右有"普通视图"、"Web 版式视图"、"页面视图"和"大纲视图"按钮等。

"常用"工具栏和"格式"工具栏中常见的一些命令按钮的名称标于图 4.3 和图 4.4 中,一般见其名可知其用。

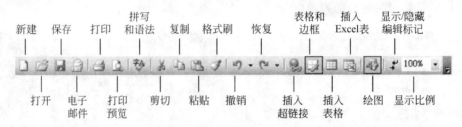

图 4.3 Word 的"常用"工具栏

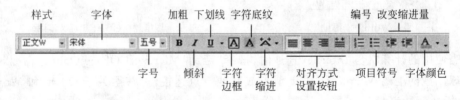

图 4.4 Word 的"格式"工具栏

"常用"工具栏中的"新建"用于新建一个 Word 文档;"打开"用于打开一个磁盘中的文件(不一定是 Word 文档,也可以是文本文件、RTF 格式文件等);"保存"用于保存当前文档;"打印预览"或"打印"可用于预览文档打印输出的效果或打印输出文档内容。另一些常用命令按钮的功用介绍如下。

①"格式刷"按钮。要将选定对象的格式复制给一个特定的对象时,可单击此按钮,然后移动带有格式刷的鼠标指针单击那个特定的对象或扫过特定的文字区。双击"格式刷"按钮,可以把格式复制给多个对象或多处文字区。按 Esc 键或再次单击"格式刷"按钮,可终止格式刷的作用。

②"撤销"按钮。用来取消在文档中所做的修改。单击"撤销"按钮,撤销最近一次所做的操作,要撤销多次操作,可多次单击此按钮,或单击"撤销"按钮旁边的向下箭头,然后

在出现的操作列表中拖动鼠标选定要撤销的若干项操作,松开按键即可。

③"恢复"按钮。当使用"撤销"按钮取消某一操作时,"恢复"按钮用来恢复被取消的操作。

④"表格和边框"按钮。用于开启或关闭"表格和边框"工具栏,提供表格处理所需要的各种工具。

⑤"插入表格"按钮。可以迅速地按指定的行数和列数在文档的插入点处插入一张表格。

⑥"插入 Microsoft Excel 工作表"按钮。可以在当前 Word 文档的插入点处插入一个 Microsoft Excel 工作表。在工作表中输入信息后,选择"文件|退出"命令,工作表便被嵌入到 Word 文档中。要编辑工作表时,双击工作表即可。

⑦"绘图"按钮。此按钮可开启或关闭"绘图"工具栏。

⑧"显示/隐藏编辑标记"按钮。用于显示或隐藏包括段落标记和空格标记在内的所有非打印的编辑标记以及文档中的隐藏文字。

⑨"显示比例"列表框。单击其向下箭头,可根据需要选择不同的页面显示比例。

"格式"工具栏(图 4.4)中用于字符格式设置的命令按钮或列表框有:字体、字号、加粗、倾斜、下划线、字符边框、字符底纹、字符缩放、字体颜色等。

"格式"工具栏中用于段落格式设置的命令按钮或列表框有:两端对齐、居中、右对齐、分散对齐等对齐方式设置按钮,编号,项目符号,减少缩进量,增加缩进量等。

"格式"工具栏中的样式框提供了系统预设的许多样式(字符和段落格式的集合),也列出了用户自己创建的样式。

3. 在 Word 窗口中如何显示和隐藏各种工具栏、符号栏和标尺?

【答】 在 Word 窗口中显示和隐藏各种工具栏,可以从"视图"菜单中选择"工具栏"命令,再从"工具栏"的下一级菜单中选择相应的栏目;显示和隐藏标尺,可以从"视图"菜单中选择"标尺"命令。显示和隐藏各种工具栏还可以用鼠标右击菜单或工具栏区,再从快捷菜单中选择相应的工具栏。从快捷菜单中选择"自定义"命令,还可令"三维设置"、"阴影设置"等工具栏显示或隐藏。

4. 如何利用滚动条逐行、逐屏或到文首、文尾查看文档?

【答】 单击滚动条的向上或向下箭头,可逐行查看文档;单击滚动条的向上箭头与滚动块之间的区域,或向下箭头与滚动块之间的区域,可逐屏查看文档,拖动滚动块到滚动条最上端,可查看文首内容;拖动滚动块到滚动条最下端,可查看文尾内容。

5. 在 Word 中执行命令有哪些不同方式? 选定文本块的方法有哪些?

【答】 在 Word 中,执行命令可以利用不同的方式。

(1) 利用程序菜单命令,即打开菜单项的下拉菜单,再从中选择命令的方式。

(2) 利用快捷菜单。

(3) 利用工具栏按钮。

(4) 利用鼠标直接操作。

(5) 利用快捷键。

选定文本块一般有以下几种方法。

（1）利用鼠标选定小范围一般文本块：将"I"光标指向文本块的开始处，按住左键，拖动鼠标扫过要选定的文本，在文本块结尾处松开鼠标键，被选定的内容将突出显示或反显。

选定文本块也可以从文本块的"结尾处"向"开始处"拖动鼠标扫过选定内容。

利用鼠标选定文本块还可以利用以下操作技巧：选定一个英文单词，可双击该单词；选定一个段落，可在该段落中三击任一字符。

（2）利用鼠标和按键配合选定文本。

① 选定一个句子：按住 Ctrl 键并单击此句子中的任一字符。

② 选定矩形文本块：需先按住 Alt 键，从矩形文本块的左上角向右下角拖动鼠标。

③ 选定大块文本：可将插入点移到大块文本的开始处，再移"I"光标到大块文本的结尾处，按住 Shift 键，然后单击。

④ 选定插入点到文首间的文本：定位插入点后按 Ctrl＋Shift＋Home 组合键。

⑤ 选定插入点到文尾间的文本：定位插入点后按 Ctrl＋Shift＋End 组合键。

（3）利用"选定区"选定文本。

① 选定一行：鼠标指针移至选定区，指向特定的行后单击。

② 选定一个段落：鼠标指针移至选定区，指向特定的段落后双击。

③ 选定整个文档：鼠标指针移至选定区后三击。

④ 选定若干行：鼠标指针移至选定区，指向一行并单击，再向上或向下拖动鼠标。

⑤ 选择跨度较大的连续文本行：鼠标指针移至选定区，指向并单击首行，再沿选定区移动鼠标指针，使指针指向末行，按住 Shift 键，再单击。

（4）利用按键选定文本：按住 Shift 键，配合 4 个箭头键，可在插入点上、下、左、右选定文本；按 Ctrl＋A 组合键可以选定整个文档。

6. 字符格式设置和段落格式设置的含义分别是什么？如何进行字符格式和段落格式的设置？

【答】 字符格式设置是指用户对字符的屏幕显示和打印输出形式的设定，这些设定内容通常包括：字符的字体和字号大小；字符的字形，即加粗、倾斜等；字符颜色、下划线、着重号等；字符的阴影、空心、上标或下标等特殊效果；字符间距；为文字添加各种动态效果等。

段落格式设置通常包括：对齐方式（例如，对左、对中、对右、两端对齐或分散对齐）；行间距和段落之间的间距；缩进方式（首行的缩进以及整个段落的缩进等）；制表位的设置等。

字符格式设置的方法有以下几种。

（1）利用"格式"工具栏中的有关命令按钮。

（2）选择"格式|字体"命令，调出"段落"对话框后，利用其中的 3 个选项卡。

（3）利用快捷键。

段落格式设置的方法有以下几种。

（1）利用"格式"工具栏中的有关命令按钮。

（2）选择 "格式|段落"命令，调出"字体"对话框后，利用其中的 3 个选项卡。

（3）利用快捷键。

（4）利用标尺上的制表符设置按钮。

7. 在 Word 的"编辑"菜单中，"清除"和"剪切"的区别是什么？"复制"和"剪切"又有何区别？如何实现选定文本块的长距离移动或复制？

【答】 在 Word 的"编辑"菜单中，"清除"和"剪切"命令都可以把选定的信息块从文档中清除，但后者会将该信息块复制一份到剪贴板；前者则不。"复制"命令也能将选定的信息块复制一份到剪贴板，与"剪切"命令不同的是，原信息块仍保留在文档中。

要实现选定文本块的长距离移动或复制，最好不要用鼠标直接拖动，而是对选定的文本块执行"剪切"或"复制"命令，到目标位置再执行"粘贴"命令。

8. Word 提供了几种视图方式，它们之间有何区别？

【答】 Word 提供的视图方式有"普通视图"、"Web 版式视图"、"页面视图"和"大纲视图"等。

"普通视图"是系统默认的视图方式，可显示文本的格式，但版面简化，有利于快速输入和编辑。在这种视图下，屏幕上以一条虚线表示分页的位置。

"页面视图"具有"所见即所得"的显示效果，即显示效果与打印效果相同。在这种视图下，可以作正常编辑，查看文档的最后外观，如页面上实际位置的多栏版面、页眉和页脚等，可对格式以及版面进行最后的修改。图文表格并茂的文档多采用这种视图进行编辑。

"Web 版式视图"可以网页方式显示 Word 文档。

"大纲视图"下只显示文档的标题，而把标题下的文本暂时"折叠"起来，以便审阅和修改文章的大纲结构，重新安排章节次序。当将标题拖动到新的位置时，该标题下的所有子标题和从属正文也将自动随之移动。

在各种视图方式下，都可以再选择"视图|文档结构图"命令，使文档窗口分成左右两个部分，左边显示结构图，右边显示结构图中特定主题所对应的文档的内容。用户在结构图中更换主题，便可以从文档的某一位置快速切换到另一位置。

9. 在 Word 文档的排版中使用"样式"有何优越性？

【答】 Word 中的样式是字符格式（包括字体、字号大小、间距、颜色等）和段落格式（包括对齐方式、缩进方式、行距等）的总体格式信息的集合。

样式的使用显然提供了一种简便、快捷的文档编排手段，还能确保格式编排的一致性。

10. 什么是模板？如何使用模板？

【答】 Word 模板通常指扩展名为 .dot 的文件。一个模板文件中包含了一类文档的共同信息，即这类文档中的共同文字、图形和共同的样式，甚至预先设置了版面、打印方式等。Word 提供的模板有报告、出版物、信函和传真等。模板还常分为一般模板（.dot）和向导模板（.wiz）。

为使用模板可以选择"文件|新建"命令，然后从"任务窗格"中选择所需要的模板。

11. 简述在 Word 文档中插入图形，并实现文绕图的方法。

【答】 在 Word 文档中插入简单的图形，可以从"绘图"工具栏中选择一种图形绘制工具，直接在文档中绘制图形。

要实现文绕图,可指向并右击特定的图形对象,从快捷菜单中选择"设置图形格式"命令,在弹出的对话框中选择"环绕"选项卡,设定"四周型"或"紧密型"的环绕方式,就可以实现文绕图的效果。

在 Word 文档中插入图片,可以选择"插入|图片|剪贴画"或"插入|图片|来自文件"命令。而实现文绕图的方法与简单图形实现文绕图的方法基本相同。

4.2　选　择　题

1. 当前使用的 Office 应用程序名显示在(A)中。

 　　(A) 标题栏　　　　(B) 菜单栏　　　　(C)"常用"工具栏　　　　(D) Web 工具栏

2. 在 Office 应用程序中打开多个文档时,可以通过(D)菜单下的文件列表在文档间进行切换。

 　　(A) 工具　　　　(B) 编辑　　　　(C) 文件　　　　(D) 窗口

3. 在 Office 应用程序中欲作复制操作,首先应(D)。

 　　(A) 定位插入点　　　　　　　　　(B) 按 Ctrl+C 键

 　　(C) 按 Ctrl+V 键　　　　　　　　(D) 选定复制的对象

4. 在 Word 编辑状态中,只显示水平标尺的视图是(C)视图方式。设置了标尺,可同时显示水平和垂直标尺的视图是(C)视图方式。提供"所见即所得"显示效果的是(C)视图方式。贴近自然阅读习惯的是(A)视图方式。

 　　(A) 阅读版式　　　(B) 大纲　　　　(C) 页面　　　　　(D) 普通

5. Word 中"文件"菜单底部显示的文件名所对应的文件是(A)。

 　　(A) 最近被操作过的文件　　　　(B) 当前已打开的所有文件

 　　(C) 扩展名为.doc 的文件　　　　(D) 从 Word 送出等候打印的文件

6. 在 Word 中每一页都要出现的基本内容一般应放在(D)中。

 　　(A) 文本框　　　(B) 脚注　　　　(C)第一页　　　　　(D) 页眉/页脚

7. 为把 Word 设计的某份技术文档快速生成文档目录,可使用(D)命令。

 　　(A)"视图|引用|索引和目录"　　　(B)"文件|引用|索引和目录"

 　　(C)"格式|引用|索引和目录"　　　(D)"插入|引用|索引和目录"

8. 使用"常用"工具栏中的"新建"按钮新建的 Word 文档的默认模板是(A)。

 　　(A) 空白文档　　　(B) 中文信函　　　(C) 传真封面　　　　(D) 公文

9. 在 Word 中,执行"编辑|复制"命令后(B)。

 　　(A) 选定的内容将被复制到插入点

 　　(B) 选定的内容将被复制到剪贴板

 　　(C) 插入点所在的段落内容被复制到剪贴板

 　　(D) 鼠标指针指向的段落被复制到剪贴板

10. Word 提供的 5 种制表符是:左对齐式制表符、右对齐式制表符、居中式制表符、小数点对齐式制表符和(B)。

(A) 横线制表符　　　　　　　　(B) 竖线对齐式制表符

(C) 图形制表符　　　　　　　　(D) 斜线制表符

11. Word 中的标尺不可以用于(B)。

(A) 改变左右边界　　　　　　(B) 设置首字下沉

(C) 改变表格的栏宽　　　　　(D) 设置段落缩进或制表位

12. 可用 Word(D)工具栏中的命令按钮改变表格中内容的垂直方向的对齐方式。

(A) 格式　　　(B) 常用　　　(C) 绘图　　　(D) 表格与边框

13. 在 Word 中编辑内容时,文字下面出现红色波浪线,表示(A),出现绿色波浪线表示(B)。

(A) 可能存在拼写错误　　　　(B) 可能存在语法错误

(C) 文档处于修订保护状态　　(D) 对输入内容的确定

(E) 为已修改过的文档

14. 使用标尺左端的正三角形标记按钮,可使插入点所在的段落(A)。

(A) 悬挂缩进　　(B) 首行缩进　　(C) 左缩进　　　　　(D) 右缩进

15. 在 Word 中,按 Enter 键将产生一个(C),按 Shift+Enter 组合键将产生一个(D)。

(A) 分节符　　(B) 分页符　　(C) 段落结束符　　(D) 换行符

16. 在 Word 中,如果已有页眉内容,从正文编辑状态再次进入页眉区只需双击(C)就可以。

(A) 菜单区　　(B) 状态栏　　(C) 页眉区　　　　(D) 工具栏区

17. 在 Word 中,用新的名字保存文件应(A)。

(A) 选择"文件|另存为"命令　　(B) 选择"文件|保存"命令

(C) 单击工具栏中的"保存"按钮　(D) 复制文件到新命名的文件中

18. 在 Word 中,要显示或隐藏"常用"工具栏,应使用(C)菜单中的子命令。

(A) 工具　　(B) 格式　　(C) 视图　　　　(D) 窗口

19. 在 Word 中,进行字体设置后,按新设置显示的文字是(C)。

(A) 插入点所在行的所有文字　　(B) 插入点所在段落的所有文字

(C) 文档中被选定的文字　　　　(D) 文档中的全部文字

20. 在 Word 中,扩展名为.dot 的文件是(A)。

(A) 模板文件　　(B) 文本文件　　(C) 文档文件　　(D) 备份文件

21. 在 Word 中,可以利用(A)上的各种元素,很方便地改变段落的缩排方式,调整左右边界,改变表格列的宽度和行的高度。

(A) 标尺　　　　　　　　　　(B) "格式"工具栏

(C) "符号"工具栏　　　　　　(D) "常用"工具栏

22. 插入点位于某段落的某个字符前时,从"格式"工具栏的"样式"框中选择了某种样式,这种样式将对(C)起作用。

(A) 该字符　　(B) 当前行　　(C) 当前段落　　(D) 所有段落

23. 利用鼠标选定一个矩形区域的文字块时,需先按住(A)键。

(A) Alt　　　　(B) Shift　　　(C) Enter　　　(D) Ctrl

24. 在文档编辑过程中,可时常按快捷键(B)保存文档。
  (A) Shift+S   (B) Ctrl+S
  (C) Alt+S   (D) Ctrl+Shift+S

25. 以下选项中,(C)不是 Word 提供的视图。
  (A) 页面视图   (B) 大纲   (C) 合并视图   (D) 阅读版式

26. 在 Word 中,(C)不是段落的格式。
  (A) 缩进   (B) 行距   (C) 字符间距   (D) 段距
  (E) 对齐方式   (F) 首行缩进   (G) 悬挂缩进   (H) 制表符

27. 在 Word 中选择整个文档内容,应按(A)组合键。
  (A) Ctrl+A   (B) Alt+A
  (C) Shift+A   (D) Ctrl+Shift+A

28. 设置打印机的属性,可以使用 Word 的(B)命令。
  (A) "文件|打印预览"   (B) "文件|打印"
  (C) "文件|页面设置"   (D) "视图|页面"

29. 在 Word 文档中执行"查找"或"替换"操作的快捷键是(D)。
  (A) Ctrl+A   (B) Ctrl+S   (C) Ctrl+H   (D) Ctrl+F

  30. 在 Word 中进行文字处理时,可能会使用诸如厘米、磅、字符等不同的度量单位,设置度量单位需要利用(B)菜单中的"选项"命令。
  (A) 编辑   (B) 工具   (C) 视图   (D) 格式

4.3 填 空 题

  1. 为利用 Word 帮助功能,可以从帮助菜单中选择Microsoft Office Word 帮助命令;也可按功能键F1。

  2. 在 Word 中,字符格式和段落格式的集合称为样式。

  3. 为使文档显示的每一页面都与打印后的相同,即可以查看到在页面上实际的多栏版面、页眉和页脚以及脚注和尾注等,应选择的视图方式是页面视图。

  4. 显示或隐藏 Word 的某个工具栏,可以从视图菜单中选择工具栏命令。

  5. 创建一个新文档,可以用鼠标单击"常用"工具栏中的新建按钮,也可以从文件菜单中选择新建命令,两者区别在于前者只能新建一个空白文档,而不能使用 Word 提供的众多模板。

  6. 文本区的左边有一选定区,可以用于快捷选定文本块,在此区中鼠标指针向右(右/左)倾斜。

  7. 设置打印纸张的大小,可以使用"文件|页面设置"命令。

4.4 上机练习题

  本章新建、保存和打开文件的位置均指第 2 章练习中创建的 word_lianxi 文件夹。

练习一　熟悉 Word 的编辑窗口及 Word 文档的新建与保存

1. 练习目的

(1) 熟悉 Word 编辑窗口的各种要素。

(2) 掌握新建和保存 Word 文档的方法。

2. 练习内容

(1) 熟悉利用各种方法启动和退出 Word。

① 选择"开始|所有程序|Microsoft Office| Microsoft Office Word 2003"命令启动 Word；选择"文件|退出"命令退出 Word。

② 双击桌面上的 Word 快捷方式启动 Word；单击 Word 窗口中的"关闭"按钮退出 Word。

③ 单击任务栏的快速启动工具栏中的 Word 快捷方式启动 Word；按 Alt＋F4 组合键退出 Word。

(2) 熟悉 Word 窗口的各种组成元素。

① 打开并浏览各菜单项的下拉菜单，了解各菜单的主要命令。

② 练习显示各工具栏，再隐藏各工具栏；最后保留"常用"工具栏和"格式"工具栏。

操作提示：显示/隐藏各工具栏可利用"视图|工具栏"下的子命令；也可以右击菜单或工具栏区的空白处，从快捷菜单中勾选某工具栏或取消勾选。

③ 熟悉"常用"工具栏和"格式"工具栏中的各个命令按钮。

操作提示：将鼠标指针指向某个命令按钮，稍停片刻，可显示该命令按钮的名称，从名称可大致了解命令按钮的功能。

④ 练习隐藏标尺，再令其显示。

操作提示：显示/隐藏标尺，可使用"视图|标尺"命令。

⑤ 练习显示和隐藏 Office 助手。

操作提示：选择"帮助|显示 Office 助手"命令，显示 Office 助手；右击之，选择"动画效果"命令观看动画；右击之，选择"隐藏"命令，隐藏 Office 助手。

⑥ 练习显示和关闭"任务窗格"。

操作提示：选择"视图|任务窗格"命令，显示任务窗格；单击任务窗格标题栏的向下箭头，选择其中各项，了解不同任务窗格的内容和作用；再选择"视图|任务窗格"命令，关闭任务窗格。

(3) 利用 Word 新建文档并保存之。

① 启动 Word 后，对具有临时名"文档♯"的文档立即执行保存操作。

操作提示：选择"文件|保存"命令，打开"另存为"对话框，"保存位置"选择 D 盘中的 word_lianxi 文件夹（本章新建、保存和打开文件均针对这个文件夹，后续内容中将不再赘述）；"保存类型"为 Word 文档；文件名为 WLX1. DOC；最后单击"保存"按钮。

② 在文件 WLX1. DOC 中，参考图 4.5 输入内容（注：样文中的"↵"指段落结束符，无须输入；首行缩进等格式设置均在以后练习中完成）。

操作提示：输入过程不使用 Word 的"自动编号"功能；尽可能使用插入、删除、修改

等基本的编辑操作;特殊符号的输入可使用"插入|符号"命令(Wingdings 字体);经常执行"文件|保存"命令。

第4章　文字处理软件 Word 2003
4.1　办公集成软件 Office 基本知识
4.1.1　Office 2003 和 Word 2003 简介
Office 是微软公司开发的办公集成软件。早期 Office 主要包含 Word、Excel、PowerPoint、Outlook 等应用软件,之后逐渐增加新的成员,如数据库程序 Access、新闻稿、海报编辑程序 Publisher 等。新的 Office 版本不断在先前版本的基础上增加和完善功能,特别是不断加强其 Internet 功能,使办公软件与网络应用的结合达到一个新的高度。
Office 的家族成员有 Windows 应用程序的共同特点,如易学易用,操作方便,有形象的图形界面,有方便的联机帮助功能,提供实用的模板,支持对象链接与嵌入(OLE)技术等。
4.1.2　Office 成员简介
1．Word——办公自动化中最常用的应用程序
它主要用于日常的文字处理工作,如编辑信函、公文、简报、报告、学术论文、个人简历、商业合同等,具有各种复杂文件的处理功能,它不仅允许能以所见所得的方式完成各种文字编辑、修饰工作,而且很容易在文本中插入图形、艺术字、公式、表格、图表以及页眉页脚等元素。
2．Excel——专为数据处理而设计的电子表格程序
它允许人们在行、列组成的巨大空间中轻松地输入数据和计算公式,实现动态计算和统计。该程序还提供了大量用于统计、财会等方面的函数。
3．PowerPoint——幻灯演示文稿制作程序
它制作的幻灯演示文稿中可以包含文字、数据、图表、声音、图像以及视频片段等多媒体信息,广泛用于学术交流、教学活动、形象宣传和产品介绍等。设计得当,可以获得极为生动的演示效果。

图 4.5　练习一的样文

(4) 继续熟悉 Word 窗口的各种要素。

① 练习隐藏段落结束标记和空格符号,再令其显示。

操作提示:使用"常用"工具栏中的"显示/隐藏编辑标记"按钮(图 4.3)。

② 选取不同视图方式,观察文档的显示状态有何不同。

③ 保存文件,退出 Word。

注意:以后在各练习的进行中均要经常执行保存文件的操作;练习结束时,执行保存文件操作后,注意正常关闭 Word,将不再赘述。

练习二　文件的基本操作

1．练习目的

(1) 掌握打开文件和另存文件的方法。

(2) 掌握查找和替换内容的操作。

(3) 掌握文本块的操作。

2．练习内容

(1) 打开已存在的 Word 文档,并练习"另存"操作。

① 启动 Word 后,使用"文件|打开"命令,打开本章练习一中保存的 WLX1. DOC 文件。

② 执行"文件|另存为"命令,将文件另存为 WLX2. DOC。

(2) 练习文本块的选定和文本块的移动操作。

① 在文件 WLX2. DOC 中练习选定文本块的各种方法,如鼠标法、按键法、选定区

法、鼠标和按键配合法等。具体可见本章思考题第 5 题。

② 选定最后 4 行内容,改变该文本块的颜色为橙色,再将其移动到"2. Excel…"段落的前面,观察移动结果。

操作提示:选定文本块后,用鼠标直接拖动法或"剪切-粘贴"方法实现移动。

(3) 练习查找和替换操作。

要求:使用替换功能,将文件 WLX2. DOC 中的"Office"全部替换为"MS-Office",同时要求替换后的文本具有加粗、倾斜、蓝色的格式。

练习步骤:

① 选择"编辑|替换"命令,打开"查找和替换"对话框,单击"高级"按钮,展开对话框的下半部分,如图 4.6 所示,按图中所示进行设置,并分别在"查找内容"栏和"替换为"栏输入内容"Office"和"MS-Office"。

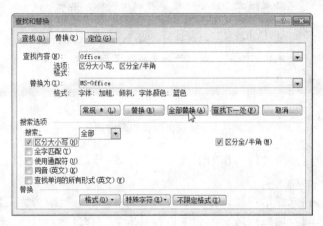

图 4.6 "查找和替换"对话框

② 当插入点处于"替换为"栏中的时候,单击"格式"按钮,选择"字体"项,在出现的"替换字体"对话框中设置加粗、倾斜、蓝色,单击"确定"按钮返回如图 4.6 所示的对话框,执行"全部替换"操作。关闭"查找和替换"对话框,观察替换结果。

练习三　排版的基本操作

1. 练习目的

(1) 了解 Word 文档的页面设置。

(2) 了解字符和段落格式设置等基本的排版操作。

2. 练习内容

(1) 新建 Word 文件 WLX3. DOC,纸张大小取 A4 纸,高度宽度等均取默认值,在其中输入唐代名作《陋室铭》的内容,如图 4.7 所示。

(2) 参照图 4.8,结合使用工具栏中的按钮和"格式"菜单中的命令,完成对文件WLX3. DOC 中文字和段落的设置。

① 选定全文,设置全文各段落:左缩进 5 个字符,右缩进 5 个字符,单倍行距。

② 选定第一行(即第一段),作如下设置:宋体,小二号,粗体;段前 0.5 行。

刘禹锡
陋室铭
山不在高，有仙则名。水不在深，有龙则灵。斯是陋室，惟吾德馨。苔痕上阶绿，草色入帘青。谈笑有鸿儒，往来无白丁。可以调素琴，阅金经。无丝竹之乱耳，无案牍之劳形。南阳诸葛庐，西蜀子云亭。孔子曰：“何陋之有？”
——摘自《唐代名作精选》

图 4.7　WLX3.DOC 文件中输入的内容

刘禹锡

陋室铭

山不在高，有仙则名。水不在深，有龙则灵。斯是陋室，惟吾德馨。苔痕上阶绿，草色入帘青。谈笑有鸿儒，往来无白丁。可以调素琴，阅金经。无丝竹之乱耳，无案牍之劳形。南阳诸葛庐，西蜀子云亭。孔子曰：“何陋之有？”

——摘自《唐代名作精选》

图 4.8　完成排版操作后的图示

③ 选定第二行(即第二段)，作如下设置：楷体，四号，加边框，底纹，字符缩放 150%；居中，段前 0.3 行，段后 0.2 行。

④ 选定正文内容(即第三段)，作如下设置：隶书，三号，行距为固定值 22 磅。

⑤ 选定最后一行(即第四段)，作如下设置：仿宋，小四号；右对齐，段前 0.5 行。

练习四　排版操作练习继续：字符和段落格式的各种设置

1. 练习目的

(1) 进一步了解 Word 文档的页面设置。

(2) 熟悉并掌握字符和段落格式的各种设置。

2. 练习内容

(1) 新建 WLX4.DOC 文件，完成页面设置：纸张大小取 B5(18.2 厘米×25.7 厘米)，上、下页边距为 2.54 厘米，左、右页边距为 2.6 厘米。

(2) 参考图 4.9 输入内容，或执行“插入|文件”命令插入素材文件 WLX4_SC.DOC。

(3) 完成以下的字符和段落格式设置。

① 字符设置：全文字体为宋体，字号五号，第一段中的“信息高速公路”加波浪下划线。

② 段落设置：各段首行缩进 2 字符，最后一段加底纹且段前间距设 0.5 行，前两段分两栏。

③ 添加页眉和页码：为文档添加页眉，并在页眉居左位置输入“《Internet 讲座》(一)”，在页眉居右位置添加“第 1 页”(其中的数字 1 为页码)。

Internet改变世界

Internet 通常译为国际互联网或因特网，也称网际网。它是由各种不同的计算机网络按照某种协议连接起来的大网络，是一个使世界上不同类型的计算机能交换各类数据的通信媒介。Internet 的形成早于"信息高速公路®"概念的提出。目前，Internet 显然还不是人们期望中的信息高速公路，即高速信息通道，但 Internet 庞大的用户群、高速的主干通道以及世界性的覆盖范围使其事实上具有信息高速公路的某些功能，因此，Internet 普遍被看成是信息高速公路的基础。

Internet 最初开始于美国国防部的 DARPA（Defense Advanced Research Project Agency）的网络计划，该计划试图将各种不同的网络连接起来，以进行数据传输。1983 年，该计划完成的高级研究项目机构网 ARPA net 即现在 Internet 的雏形。1986 年，美国国家科学基金会 NSF（National Science Foundation）使用 TCP/IP（Transmission Control Protocol/Internet Protocol）通信协议建立了 NSFnet 网络。该网络的层次性网络结构（区域网络→校际网络→地区性网络）构成现在著名的 US Internet 网络。以 US Internet 网络为基础再连接全世界各地区性网络，便形成世界性的 Internet 网络。

Internet 的层次性网络结构连接起各种各样的计算机，大到巨型机，小到 PC 机，联系起世界各地的计算机用户。一个用户加入 Internet 后，可以到访世界范围内的不同主机系统，可以与连接到 Internet 上的所有用户交换电子邮件和各类信息；可以共享网络上的各种资料和有关资源；可以下载免费的共用软件；可以与近在咫尺的老朋友在网上聊天，也可以与远在天边的素不相识的网友在网上对弈；教师可以利用 Internet 进行教学；商人可以利用 Internet 进行商业服务……。总之，Internet 正在深刻地改变着我们的世界。

⑩ 使世界各地的计算机能互通信息的高速通道

图 4.9　文件版面设计一例

注意：插入艺术字、图片等操作可留在以后的练习（如练习七）中完成。

练习五　制表位和样式的应用

1. 练习目的

（1）了解制表位的设置和使用。

（2）了解 Word 的"目录和索引"功能的使用。

（3）了解"样式"的概念和使用。

2. 练习内容

（1）设置和使用制表位。

① 设置制表位：要求在输入如图 4.10 所示的内容前，参考图，在 1.3 厘米和 7.5 厘米处分别设左对齐和右对齐制表位，4.8 厘米和 10 厘米处均设小数点对齐制表位。

操作提示：

• 新建 WLX5_1.DOC 文件，选择"工具|选项"命令，在打开的对话框中选择"常规"选项卡，按照图 4.11 所示，选择度量单位，并取消对"使用字符单位"复选框的选择。

品名	单价	数量	金额
计算机	8697	5	43485.00
洗衣机	2789.00	3	8367.00
电热水器	1580.00	2	3160.00
吹风机	256.5	5	1282.50

图 4.10　练习五的样文

图 4.11　在"选项"对话框的"常规"选项卡中设置度量单位

- 将插入点定位在准备输入如图 4.10 所示内容的行首位置,选择"格式|制表位"命令,参考图 4.12,设置 1.3 厘米处的左对齐制表位:在"对齐方式"栏选择"左对齐"单选按钮,在"制表位位置"栏输入 1.3,单击"设置"按钮。同法,分别设置 4.8 厘米、7.5 厘米和 10 厘米处的制表位,如图 4.13 所示,最后单击"确定"按钮。

图 4.12　制表位设置 1

图 4.13　制表位设置 2

② 使用制表位：使输入的内容按照图 4.10 样文所示的 3 种对齐方式对齐。

操作提示：

- 设置好制表位后，按 Tab 键，输入"品名"，再按 Tab 键，输入"单价"，其余同。
- 输入完第一行内容后按 Enter 键，将制表位格式带到第二行（即下一个自然段），继续内容的输入，与第一行一样，用 Tab 键分隔不同列的数据。其余各行同。

（2）利用样式生成目录：为 WLX1. DOC 文件（内容见图 4.5）自动生成如图 4.14 所示的目录。

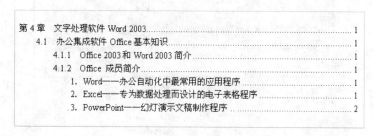

图 4.14　自动生成的 Word 文档目录

练习步骤：

① 打开 WLX1. DOC，另存为 WLX5_2. DOC。对文件中的四级标题分别使用 Word 提供的"标题 1"～"标题 4"样式（提示：按住 Shift 键，单击样式框，可显示全部样式），即如图 4.15 所示。

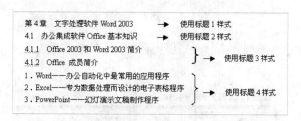

图 4.15　为准备进入到目录中的各级标题设置样式

② 定位插入点到准备生成目录的位置，例如文首位置，选择"插入|引用|索引和目录"命令，在打开对话框的"目录"选项卡中，选择目录的格式"来自模板"，显示级别取"4"，如图 4.16 所示，最后单击"确定"按钮，观察目录生成的情况。

练习六　表格制作、处理与简单计算

1. 练习目的

（1）掌握 Word 表格制作与处理方法。

（2）了解 Word 表格数据的简单计算。

2. 练习内容

（1）新建 WLX6. DOC 文件，参考图 4.17，完成表格制作。

（2）在 WLX6. DOC 文件中，参考图 4.18，完成另一表格制作，并完成"合计"行的计

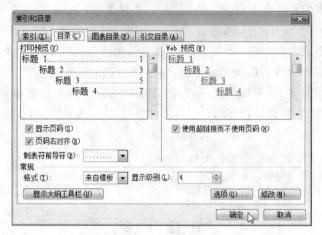

图 4.16　"索引和目录"对话框

20 ～ 20 第 学期课程表					
节 星期		周一	周二	周三	周四	周五
上午	1～2 节					
	3～4 节					
下午	5～6 节					
	7～8 节					
晚						

图 4.17　练习六的样表 1

算,且制作两个图表(参考图 4.19),一是计算机硬件各季度数据比较;一是三季度各项数据比较。

信息技术市场前三季度各项比较　　　　　　　　　　(×××地区)

项目 季度	一季度	二季度	三季度
计算机硬件	81.6	86.4	90.2
计算机软件	36.8	40.0	50.0
计算机服务	68.7	73.6	80.5
通　　信	59.5	78.1	110.6
合　　计			

图 4.18　练习六的样表 2

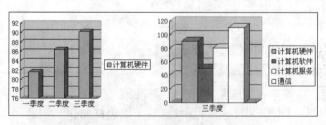

图 4.19　制作 Word 简单图表

操作提示：

① 计算"合计"可选择"表格|公式"命令，公式取"=SUM(ABOVE)"即可。

② 制作图表可选择数据区域后，执行"插入|图片|图表"命令。

练习七 Word 文档中各种对象的插入

1．练习目的

(1) 掌握在 Word 文档中插入艺术字、文本框的方法。

(2) 掌握在 Word 文档中插入图形或图像的方法。

2．练习内容

(1) 新建 WLX7.DOC，参考图 4.20，在文档中插入文本框和艺术字。

图 4.20　练习七的样文

操作提示：

① 横排文本框：文字内容为"祝您健康"，楷体，小二号，粗体，居中；文本框加阴影样式 2，文本框大小适当。文字颜色，文本框填充颜色、边线颜色，文本框阴影颜色可根据个人喜好自定，其他对象颜色也均自定，不再赘述。

② 竖排文本框：文字内容为"环保词典"，黑体，小二号，居中；文本框加阴影样式 1，文本框大小适当。

③ 横排艺术字：

• 艺术字库中取第 1 行第 1 列的样式，内容"只有一个地球"，设宋体，40 号字。

• 设定填充颜色(可设渐变填充效果)，边线颜色。

• 在"三维设置"工具栏中指定一种透视方向、深度、照明角度、表面效果、三维颜色，适当调整上翘/下俯、左偏/右偏等。

④ 竖排艺术字：

• 艺术字库中取第 2 行第 6 列的样式，内容"人与大自然"，设仿宋体，40 号字。

• 设定填充颜色，边线颜色。

• 从"艺术字形状"中选择波形 2，作适当调整。

(2) 参考图 4.20，在 WLX7.DOC 中插入各种图形对象。

操作提示：可以选择"插入|图片|自选图形"命令，或单击"绘图"工具栏中的"自选图形"按钮，再从"基本形状"、"标注"、"星与旗帜"等工具集中选择合适的图形工具来绘制。

(3) 完成 WLX4.DOC 文件图文混排的处理。

要求：打开 WLX4.DOC，在原有编辑的基础上，参考图 4.9，插入艺术字和图片 WLX4_SC.JPG，并尝试在第一段合适位置插入脚注，完成后预览全文。

操作提示：在 Word 文字内容中插入艺术字、图片等对象时，经常需要设置适当的文字环绕方式，才能使文字与对象相得益彰。在本练习中，艺术字作为文章的标题，应该设置其文字环绕方式为"上下型环绕"；图片则应该设置其文字环绕方式为"四周型环绕"。

练习八　分栏和首字下沉等练习

1. 练习目的

(1) 练习各种分栏操作。

(2) 练习首字下沉。

(3) 练习"拼写和语法"检查功能的使用。

(4) 练习"项目符号"和"编号"的使用。

2. 练习内容

(1) 练习各种不同的分栏预设方式。

要求：新建 WLX8_1.DOC 文件，纸张大小取 B5(18.2 厘米×25.7 厘米)，参考图 4.21 样文 1 输入内容，或执行"插入|文件"命令插入素材文件 WLX8_SC1.DOC。标题居中，四号字；正文第一段首行缩进 2 字符，加底纹；作等宽分栏操作，然后撤销分栏操作；再练习不等宽、加分隔线的分栏操作，结果如样文所示。

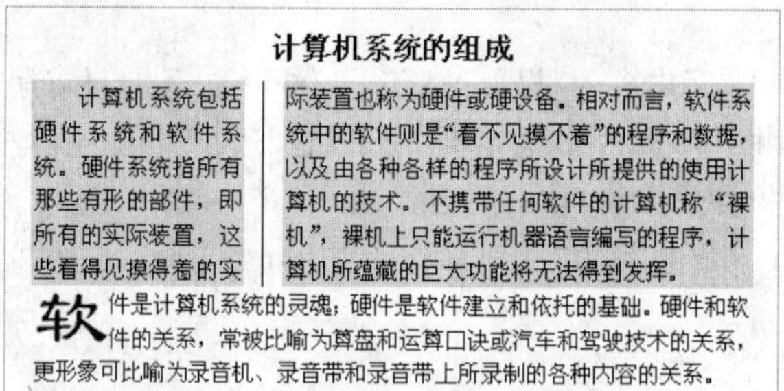
计算机系统的组成

计算机系统包括硬件系统和软件系统。硬件系统指所有那些有形的部件，即所有的实际装置，这些看得见摸得着的实际装置也称为硬件或硬设备。相对而言，软件系统中的软件则是"看不见摸不着"的程序和数据，以及由各种各样的程序所设计所提供的使用计算机的技术。不携带任何软件的计算机称"裸机"，裸机上只能运行机器语言编写的程序，计算机所蕴藏的巨大功能将无法得到发挥。

软件是计算机系统的灵魂；硬件是软件建立和依托的基础。硬件和软件的关系，常被比喻为算盘和运算口诀或汽车和驾驶技术的关系，更形象可比喻为录音机、录音带和录音带上所录制的各种内容的关系。

图 4.21　练习八的样文 1

(2) 练习首字下沉。

对 WLX8_1.DOC 文件中的加底纹的段落执行"格式|首字下沉"命令，然后撤销该段落的首字下沉；又对最后一段执行"首字下沉"操作，结果如样文所示。

(3) 练习拼写和语法检查。

新建 WLX8_2.DOC，参考图 4.22，输入内容，或执行"插入|文件"命令插入素材文件 WLX8_SC2.DOC。对全文进行拼写和语法检查，更改错误。

> ⌖ Asia is the largest of the continents of the world. It is larger than Africa, Larger than either of the two Americas, and four times as large as Europe.
>
> ⌖ Asia and Europe form a huge landmass. Indeed Europe is so much smaller than Asia that some geographers regard Europe as a peninsula of Asia.
>
> ⌖ Many geographers say that the Ural Mountains form the dividing line between Europe and Asia. Some think differently. But all geographers agree that Asia was once linked to North America. Or, to be more exact, Alaska was at one time connected with the tip of Siberia.

图 4.22　练习八的样文 2

（4）使用项目符号或编号。

要求：

① 对 WLX8_2.DOC 中的所有段落使用项目符号，格式和项目符号字符如图 4.22 样文 2 所示。

② 将所有内容复制一份到原内容下。对复制的内容使用"编号"，编号样式为[A]、[B]、[C]等。

练习九　宏与邮件合并等练习

1. 练习目的

（1）练习录制新宏和使用宏。

（2）练习中文版式功能。

（3）练习邮件合并功能。

2. 练习内容

（1）练习录制新宏和使用宏。

操作提示：

① 新建文件 WLX9_1.DOC，在文件中输入一些内容，并选定部分内容为文本块。

② 选择"工具|宏|录制新宏"命令，指定新宏名为 XJH1，并设定可通过快捷键 Ctrl+H 使用该宏，单击"确定"按钮后，将选定的内容设置为楷体、三号字、紫色。

③ 选定文件中的其他内容，执行"工具|宏|宏"命令或按 Ctrl+H 键，使用新建的宏 XJH1。

（2）练习中文版式功能。

要求：新建文件 WLX9_2.DOC，在文件中输入"中文版式功能"、"国际互联网新技术和网络安全新技术推介和交流研讨会"等内容，参见图 4.23，练习使用中文版式的 5 种功能，即拼音指南、合并字符、带圈字符、纵横混排和双行合一等。

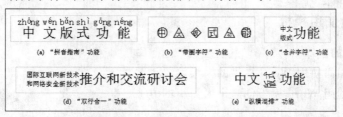

图 4.23　中文版式功能练习样文

（3）练习邮件合并功能。

要求：参照图 4.24 和图 4.25 所示样文，新建主文档文件 ZWD. DOC 和数据源文件 SJY. DOC，利用 Word 的邮件合并功能，合并主文档和数据源文件，生成新文档 WLX9_ 3. DOC，内容如图 4.26 所示。

计算机及信息应用技术测试成绩
姓名：→ → 系科：→ 成绩：→ 合格程度：

图 4.24　邮件合并练习的主文档

→ 姓名	→ 系科	→ 成绩	→ 合格程度
→ 王涛	→ 经济系	→ 95	→ 优秀
→ 刘炜	→ 金融系	→ 92	→ 优秀
→ 何彤	→ 国政系	→ 85	→ 良好
→ 江晨	→ 经济系	→ 73	→ 合格
→ 赵昕	→ 法律系	→ 90	→ 优秀

图 4.25　邮件合并练习的数据源文件

计算机及信息应用技术测试成绩
姓名：　王涛　系科：　经济系　成绩：　95　合格程度：优秀
计算机及信息应用技术测试成绩
姓名：　刘炜　系科：　金融系　成绩：　92　合格程度：优秀
计算机及信息应用技术测试成绩
姓名：　何彤　系科：　国政系　成绩：　85　合格程度：良好
计算机及信息应用技术测试成绩
姓名：　江晨　系科：　经济系　成绩：　73　合格程度：合格
计算机及信息应用技术测试成绩
姓名：　赵昕　系科：　法律系　成绩：　90　合格程度：优秀

图 4.26　邮件合并后的效果（隐藏空白后的效果）

操作提示：

① 关闭数据源文件的情况下，打开主文档文件，选择"工具｜信函与邮件｜显示邮件合并"工具栏命令，打开"邮件合并"工具栏（以下简称工具栏），单击工具栏中的"设置文档类型"按钮，选择"信函"。

② 单击工具栏中的"打开数据源"按钮，打开数据源文件。

③ 在主文档中，定位插入点到要插入可变内容（即"域"）的位置，单击工具栏中的"插入域"按钮，选择合适的"域"执行插入，并依次插入所有需要的"域"。

④ 单击工具栏中的"查看合并数据"查看合并数据的效果，最后单击工具栏中的"合并到新文档"按钮执行合并，并保存合并后的文档。

练习十　使用模板

1. 练习目的

（1）了解如何使用 Word 提供的模板。

（2）掌握利用 Word 模板创建个人简历的方法。

2. 练习内容

（1）利用 Word 提供的本机模板，快速创建一个中文个人简历。

操作步骤:

① 选择"文件|新建"命令,在出现的任务窗格中选择"本机上的模板",再选择"其他文档"选项卡,选择"简历向导",单击"确定"按钮。

② 根据"简历向导"的导引,完成以下各项选择。

"样式"选表格型;"类型"选条目型;"标准标题"选应聘职位、教育、奖励、兴趣爱好、工作经验、志愿人员经历等;"可选标题"有技能、证书和许可证;"添加/排序标题"中将兴趣爱好下移至最后一项。

③ 单击"完成"按钮,保存文件为 WLX10_1.DOC。还可以在弹出的 Office 助手提示中选择"添加信函封页",添加另一个类似自荐信的文件。WLX10_1.DOC 的内容如图 4.27 所示,在其中填入有关信息即完成一份个人简历。

个 人 简 历

姓名			性别		年龄		照片
地址	邮政编码			电子邮件			
	电 话			传 真			
应聘职位							
教 育	时间			学 校			
奖励							
工 作 经 历	时间		工作单位		职务		
志愿人员经历							
技能							
证书和许可证							
兴趣爱好							

图 4.27　利用模板快速生成的中文简历

（2）利用 Word 提供的本机模板,快速创建一个英文个人简历。

操作步骤:

① 选择"文件|新建"命令,在出现的任务窗格中选择"本机上的模板",再选择"其他文档"选项卡,选择"英文简历向导",单击"确定"按钮。

② 根据向导的导引,完成以下各项选择 Style:选择 Elegant;Type:选择 Entry-Level CV;address:Name 中输入 Lily Zhang,再输入地址、电话、E-mail 地址等;Personal:各项全部勾选;Standard Headings:选择 Objective、Education、Awards received、Work experience、Volunteer experience；Optional Headings：选择 Community activities、Accreditation and Licenses。

③ 单击 Finish 按钮，保存文件为 WLX10_2. DOC。还可以在弹出的 Office 助手提示中选择“Add a cover letter”，添加另一英文自荐信文件。WLX10_2. DOC 内容如图 4.28 所示，在其中填入有关信息即完成一份英文个人简历。

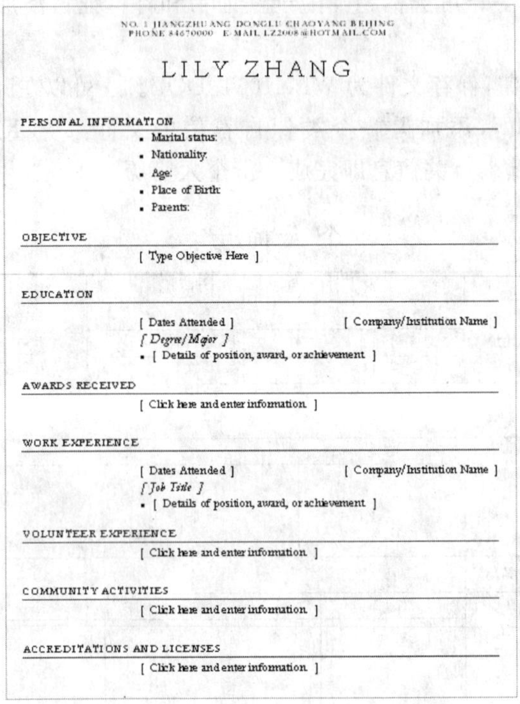
NO. 1 JIANGZHUANG DONGLU CHAOYANG BEIJING
PHONE 84670000 E-MAIL LZ2008@HOTMAIL.COM

LILY ZHANG

PERSONAL INFORMATION
- Marital status:
- Nationality:
- Age:
- Place of Birth:
- Parents:

OBJECTIVE
[Type Objective Here]

EDUCATION
[Dates Attended] [Company/Institution Name]
[Degree/Major]
- [Details of position, award, or achievement]

AWARDS RECEIVED
[Click here and enter information.]

WORK EXPERIENCE
[Dates Attended] [Company/Institution Name]
[Job Title]
- [Details of position, award, or achievement]

VOLUNTEER EXPERIENCE
[Click here and enter information.]

COMMUNITY ACTIVITIES
[Click here and enter information.]

ACCREDITATIONS AND LICENSES
[Click here and enter information.]

图 4.28 利用模板快速生成的英文简历

练习十一 综合练习

1. 练习目的

(1) 巩固文档排版的有关操作。

(2) 巩固对象插入、图文混排等操作。

2. 练习内容

(1) 新建 Word 文件 WLX11. DOC，利用“插入|文件”命令插入素材文件 WLX11_SC. DOC 的内容，将其中所有的“黄山”全部替换成深绿色。

(2) 作页面设置：纸张大小选 A4(21 厘米×29.7 厘米)，左、右页边距设定为 3.1 厘米，其余取默认值。

(3) 设置字体格式：全文为宋体、五号字。

(4) 设置段落格式：所有段落(不含最后一段) 首行缩进 2 个字符，第一段段前间距 18 磅，其余各段段前间距 6 磅。

(5) 页眉(居左位置) 输入内容：世界文化与自然遗产——黄山；页眉(居右位置)输

入内容：中国十大风景名胜之一。

（6）在第一段段首的"黄山"后执行插入尾注的操作，尾注内容为：1990 年列入世界文化与自然遗产名录。

（7）最后两个段落分两栏。

（8）从素材文件中选择合适的图片，插入到文中合适的位置，并对大小、环绕方式作适当设置，右下角的树叶图片设置为"冲蚀"（也称为水印）、衬于文字下方。

（9）添加艺术字"黄山"，取"艺术字库"中第 2 行第 3 列样式，字体为"华文行楷"或"楷体"，艺术字形状取"山形"，调整大小，设置浮于文字上方，并叠放在图片上。

（10）添加竖排文本框，内容为"中华名山"，填充浅青绿；方点边线宽 3 磅并取淡紫色；加阴影样式 2，阴影颜色为棕黄。

（11）添加横排文本框，内容为"登黄山天下无山，观止矣！"，隶书，小二号，设定为无填充颜色、无线条颜色。最后如图 4.29 所示。

图 4.29　WLX11.DOC 文档预览

第5章 电子表格软件 Excel 2003

5.1 思 考 题

1. 工作簿与工作表有什么区别?

【答】 工作簿是 Excel 存储数据的基本单位,一个工作簿即一个 Excel 文件(.XLS)。一个工作簿一般有 3 个工作表,最少且至少有 1 个工作表,最多可以有 255 个工作表。

工作表是 Excel 的基本工作单位。Excel 的数据组织是通过工作表完成的。一个工作表是一张由 65536 行、256 列组成的一个巨大二维表。

2. 什么是 Excel 的"单元格"? 单元格名如何表示? 什么是活动单元格? 在窗口何处才能够得到活动单元格的特征信息?

【答】 单元格是 Excel 的基本操作单位。空白表的每一个方格就对应一个单元格。单元格名按其所在行、列的位置来命名,例如,单元格 A2 就是位于第 A 列和第 2 行交叉处的单元格。

单击单元格可使其成为活动单元格。活动单元格的四周有一个粗黑框,右下角有一黑色填充柄。

窗口的编辑栏可得到活动单元格的特征信息:名称框(也称地址框)中显示活动单元格的名称即单元格地址;编辑区中显示活动单元格的内容。

3. 什么叫"单元格的绝对引用"或"单元格的相对引用"? 如何表示它们?

【答】 Excel 中单元格的引用分绝对引用、相对引用和混合引用,简介如下。

(1) 单元格相对引用和绝对引用的含义以及表示方法。

Excel 的公式中可以引用单元格名(即单元格地址)。若公式中直接引用由列字母和行号表示的单元格名(如 A5、C6 等),则称相对引用。当把一个含有相对引用的公式复制(用命令或用填充柄)到一个新的位置时,公式中的单元格名会根据公式移动的位置作相应的变化。例如:单元格 C5 中有公式"＝A5＋B5",当公式复制至单元格 C6 时,公式将变为"＝A6＋B6"。

若公式引用的单元格名在列字母和行号前分别加一个"＄"符号(如＄A＄5、＄C＄6等),那么这种引用就称绝对引用。当把一个含有绝对引用的公式复制到一个新的位置时,其中的绝对引用部分不会随公式位置的移动发生任何变化。例如:单元格 C5 中有公式"＝＄A＄5＋B5",当公式复制至单元格 C6 时,公式将为"＝＄A＄5＋B6",＄A＄5 部分不会有任何变化。

(2) 关于单元格混合引用以及 3 种引用方式的切换。

若公式引用的单元格名在列字母或行号前加一个"＄"符号(如＄A5、C＄6等),这种引用就称混合引用。借助 F4 功能键,可以在 3 种引用间进行切换,方法是使包含公式的单元格成为活动单元格,在编辑栏的编辑区中选定要更改的引用,反复按 F4 键,直至需要的引用出现为止。

4. Excel 中的"公式"是什么? 公式中可引用哪些单元格?

【答】 在 Excel 中,公式是指由等号或加号导引的,由数值、运算符号、单元格名或函数等元素构成的式子。公式可以进行数学运算、统计运算、条件判断等。公式中不仅可以引用同一工作表中的其他单元格,还可以引用同一工作簿不同工作表中的单元格,甚至还可以引用其他工作簿的工作表中的单元格。

5. 在什么情况下需要使用 Excel 提供的冻结窗格功能?

【答】 冻结窗格功能可以使用户在滚动工作表时,始终保持某些区域的数据是可见的。例如希望在屏幕上始终保持显示表格的行标题或列标题时,就可以使用 Excel 提供的窗格冻结功能。

操作方法如下。

(1) 要保持显示表格的顶部列标题:可选定列标题的下一行,再选择"窗口|冻结窗格"命令。

(2) 要保持显示表格的左侧行标题:可选定行标题的右边一列,再选择"窗口|冻结窗格"命令。

(3) 要同时保持显示表格的顶部列标题和左侧行标题:可选定行、列标题交叉处右下方的单元格,再选择"窗口|冻结窗格"命令。

6. 什么叫数据填充、数据复制、公式填充、公式复制? 它们之间有什么区别?

【答】 在 Excel 中,数据填充是指利用拖动填充柄或执行"编辑|填充"命令,实现对重复或有规律变化数据的输入。公式填充的含义也类似,其实公式也是一种数据。

数据复制通常指利用"复制-粘贴"这样的操作(可以使用菜单命令、鼠标拖动或快捷键),实现对重复或有规律变化数据的输入。公式复制含义类似。

从定义和操作方式看,数据填充和数据复制是有区别的,但它们之间联系又非常密切。Excel 软件本身提供的帮助系统中有这样的一段帮助信息:"通过拖动单元格填充柄,可将某个单元格的内容复制到同一行或同一列的其他单元格中",可见两者之间的关系,即数据填充可以实现数据复制。

Excel 中的数据填充分填充相同数据和填充序列数据两种,详细的作用和操作方法请参见《计算机应用教程(Windows 7 与 Office 2003 环境)》(清华大学出版社)5.4.5 节的叙述。

Excel 中的公式填充功能可以通过拖动单元格填充柄,将某个单元格的公式复制到同一行或同一列的其他单元格中,当把一个含有单元格相对引用的公式复制到其他单元格时,公式中的单元格地址也随之发生相对变化。

7. 如何在多个工作表中输入相同的数据?

【答】 借助 Ctrl 键或 Shift 键,同时选定多个工作表,可实现在多个工作表中输入相同的数据。

8. 工作表中有多页数据,若想在每页上都留有标题,则在打印设置中应如何设置?

【答】 在选择"文件|打印设置"命令后,在"工作表"选项卡的"打印标题"栏中指定

"顶端标题行"或"左端标题行"的数据区域,则会在每页上打印相关的标题。

9. 如何在数据清单中进行自定义排序?

【答】 在 Excel 的数据清单中所进行的排序操作,一般是按数值大小、日期先后、英文字母顺序或汉字的拼音等顺序进行的。

用户若要进行自定义排序操作,可以选择"数据|排序"命令,在"排序"对话框(图5.1)中单击"选项"按钮,打开"排序选项"对话框(图5.2),在"自定义排序次序"的下拉列表中选择自定义顺序;也可在"方向"和"方法"栏中定义排序形式。

图 5.1 "排序"对话框

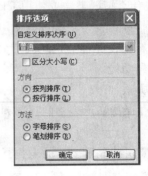

图 5.2 "排序选项"对话框

10. 如何在数据清单中进行数据筛选?数据的筛选和分类汇总有什么区别?

【答】 在数据清单中进行的数据筛选分自动筛选和高级筛选两种。

"自动筛选"适用于简单条件的筛选,具体方法如下。

(1) 使数据清单中的任一单元格成为活动单元格,选择"数据|筛选|自动筛选"命令,数据清单的每个列标题旁出现一个下指箭头。

(2) 根据筛选要求,选择数据清单的一个对应字段来设置筛选条件:单击字段(列标题)右侧的下指箭头,打开下拉列表,选择一项作为筛选数据的标准,Excel 即根据选定标准执行筛选命令,给出筛选结果,即列出满足条件的记录。若是针对多列的自动筛选,则在第一列筛选的基础上,用同样办法针对第二列进行,以此类推。

"高级筛选"通常在多个字段间设置筛选条件,条件表达式有多个,具体方法如下。

(1) 在数据清单外选定条件区域,输入条件表达式。

(2) 选择"数据|筛选|高级筛选"命令,在弹出的对话框中指定数据清单区域、条件区域和筛选结果放置的区域(可以在原数据清单所在区域,也可以在其他区域),单击"确定"按钮即可。

筛选和分类汇总的区别主要有以下几点。

(1) 筛选并不重排原数据区域;分类汇总前必须先对分类列进行排序,因此分类汇总将重排数据区域。

(2) 筛选只是挑选并显示那些符合条件的记录,将不符合条件的记录隐藏起来;分类汇总则是在分类的基础上,对数据进行一些统计计算。

5.2 选 择 题

1. 在 Excel 的数据表中,每一列的列标识叫字段名,它(A)。
    (A) 由文字表示   (B) 由数字表示
    (C) 由函数表示   (D) 由日期表示

2. 对于 Excel 数据表,排序是按照(A)来进行的。
    (A) 记录   (B) 工作表   (C) 字段   (D) 单元格

3. 在 Excel 菜单"工具"的"选项"对话框里,选择"编辑"选项卡,设定小数位数为"2",那么在单元格里输入 34,实际结果为(C)。
    (A) 34   (B) 3400   (C) 0.34   (D) 34.00

4. Excel 工作表当前活动单元格 C3 中的内容是 0.42,若要将其变为 0.420,应单击"格式"工具栏里的(A)按钮。
    (A) 增加小数位数   (B) 减少小数位数
    (C) 百分比样式   (D) 4 位分隔样式

5. 在 Excel 工作表第 D 列第 4 行交叉位置处的单元格,其绝对单元格名应是(C)。
    (A) D4   (B) $D4   (C) D4   (D) D$4

6. Excel 单元格显示的内容呈 ##### 状,那是因为(B)所造成。
    (A) 数字输入出错
    (B) 输入的数字长度超过单元格的当前列宽
    (C) 以科学计数形式表示该数字时,长度超过单元格的当前列宽
    (D) 数字输入不符合单元格当前格式设置

7. 在 Excel 中,最多可指定(C)关键字段对数据记录进行排序。
    (A) 1   (B) 2   (C) 3   (D) 4

8. 若要在 Excel 单元格中输入当天的日期时,可按(A)键。
    (A) Ctrl+;   (B) Ctrl+,   (C) Ctrl+空格   (D) Ctrl+:

9. 在 Excel 中,对数据表作分类汇总前,要先进行(D)。
    (A) 筛选   (B) 选中
    (C) 按任意列排序   (D) 按分类列排序

10. 若 Excel 工作表的 B1 单元格为活动单元格,那么选择"窗口"中的"冻结窗格"命令,就会将(B)的内容"冻"住。
    (A) A 列和 1 行   (B) A 列
    (C) A 列与 B 列   (D) A 列、B 列和 1 行

5.3 填 空 题

1. 一个新工作簿中默认包含 3 个工作表。
2. 当某个工作簿中有 4 个工作表时,系统会将它们保存在 1 个工作簿文件中。

3. 选择"编辑|删除工作表"命令,将删除当前工作簿中的当前工作表。

4. 双击单元格或单击单元格后移动鼠标到编辑栏的编辑区可编辑单元格数据。

5. 当输入的文本数据位超过单元格宽度时,系统会将其显示延伸到右边的一个或多个空白单元格中。

6. 利用拖动或剪切完成数据移动后,源数据从当前位置移动到新位置。

7. 利用"插入|工作表"命令,每次可插入1个或几个空白工作表(注:当同时选定多个工作表时,将插入多个工作表)。

8. 函数 SUM(A1：C1)相当于公式＝A1＋B1＋C1。

9. 在 Excel 的数据库管理功能中,利用"数据"菜单中的"记录单"命令可查找数据清单中所有满足条件的数据。

10. 当某个工作簿中有一般工作表与图表工作表时,系统将它们保存在1个文件中。

11. 在 Excel 的某一单元格中,欲输入分数"2 又 3/4"应输入2 空格 3/4。

12. 在 Excel 的某一单元格中,欲输入分数"1/5",应输入0 空格 1/5。

13. 在 Excel 的某一单元格中,用 12 小时制表示 19：20 时,应输入7：20 空格 pm。

14. 在 Excel 的某一单元格中,输入"1/5",系统自动认为它的数据类型是日期型即1 月 5 日。

15. 欲在工作表中插入一列,可先选定插入位置的列号(也称列名或列标),再执行"插入|列"命令;欲插入一行,可先选定插入位置的行号(也称行名或行标),再执行"插入|行"命令。

5.4 上机练习题

注意:本章新建、保存和打开文件的位置均指第 2 章练习中创建的 Excel_lianxi 文件夹,各练习进行中和结束时均要保存创建的文件。

练习一 工作簿与工作表的基本操作

1. 练习目的

(1) 掌握 Excel 工作簿的建立和工作表数据的输入。

(2) 掌握 Excel 工作簿和工作表的基本操作。

2. 练习内容

(1) 熟悉 Excel 的工作界面及菜单内容,打开"常用"工具栏、"格式"工具栏及编辑栏,认识 Excel 窗口的各个区域及其基本作用。

(2) 打开任务窗格,了解任务窗格的内容和作用。

(3) 新建工作簿文件 shebei-11.xls,在该工作簿的两个工作表中输入数据,参考图 5.3。

① 为在一个工作簿窗口显示两个工作表,可以在新建文件 shebei-11.xls 后,选择"窗口|新建窗口"命令,再选择"窗口|重排窗口|垂直并排"命令。

② 两个工作表的相同区域输入相同数据时(如图 5.3 中显示的,两个工作表的 A 列数据相同),可以同时选中这两个工作表(借助 Ctrl 键),然后在一个工作表中输入数据,

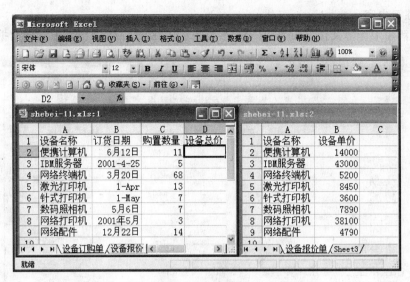

图 5.3 练习一的工作簿和工作表

另一工作表也会同时拥有这些数据。

(4) 将两个工作表分别更名为"设备订购单"和"设备报价单"。

双击工作表标签 Sheet1,使之处于反显可编辑状态,输入新的工作表名"设备订购单"即可,其余操作相同。更改后如图 5.3 所示。

(5) 在两个工作表间切换。

可以用鼠标单击不同工作表的窗口实现切换,也可以单击任务栏的按钮实现切换。

(6) 移动工作表。

直接用鼠标拖动工作表的标签到新的标签位置即可。

(7) 在同一工作簿中添加新的工作表。

执行"插入|工作表"命令。

(8) 复制"设备订购单"工作表。

用鼠标拖动"设备订购单"工作表标签时,按住 Ctrl 键,可实现复制。

(9) 删除没有数据的工作表。

单击这个工作表的标签,选择"编辑|删除工作表"命令。

(10) 拆分与冻结窗格。

拆分窗格可以利用滚动条上的拆分柄或执行"窗口|拆分"命令;冻结窗格可以利用"窗口|冻结窗格"命令。

练习二　工作表中数据的编辑及公式与函数的使用

1. 练习目的

(1) 掌握 Excel 工作表中不同类型数据的输入和格式化等操作。

(2) 掌握数据区的选取方法以及数据的复制和移动等操作。

(3) 掌握在工作表中用公式和函数处理数据的方法。

2. 练习内容

(1) 新建工作簿文件 icecream. xls,参考图 5.4 在 Sheet1 工作表中输入数据。

	A	北冰洋	可爱多	万花筒	苦咖啡	沙冰	月销售额	盈利率	月盈利
1									
2	一月	3600	3000	3000	3100	4500		24%	
3	二月	3000	2200	3000	4500	2000		25%	
4	三月	3200	2400	3000	4700	2100		22%	
5	四月	2000	4000	2800	3000	3000		30%	
6	五月	3600	3400	1000	0	3400		20%	
7	六月	3200	0	3000	4000	2000		38%	
8	七月	5400	5600	6000	6000	3000		60%	
9	八月	6800	23000	6900	35000	20000		50%	
10	九月	7000	24000	16980	24500	21000		48%	
11	十月	6500	19000	2000	21000	18000		40%	
12	十一月	4600	15900	8000	4600	7800		26%	
13	十二月	4300	10000	6700	4200	3000		25%	
14	单项商品年销售额合计								

图 5.4　练习二的数据表格

(2) 将 A 列中的月份数据改为"二○○一年一月"的显示形式。

将 A 列中的数据改为按照日期数据输入,并选取这些数据,执行"格式|单元格"命令,在对话框中选择"数字"选项卡,如图 5.5 所示选择分类和类型。

(3) 将所有的数值数据设置为含有两位小数位的数据表达形式。

选取所有数值数据,执行"格式|单元格"命令,在对话框中选择"数字"选项卡,如图 5.6 所示,选择"数值"分类,设定小数位数。

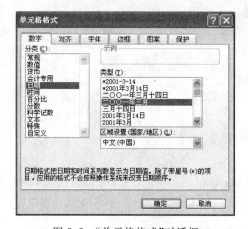

图 5.5　"单元格格式"对话框

图 5.6　设置数值数据的格式

(4) 统计该柜台每月的销售总额和每月的盈利额。

在 G2 单元格输入公式"＝sum(B2:F2)",按 Enter 键完成一月销售额计算,然后拖动 G2 单元格的填充柄到 G13;在 I2 单元格输入公式"＝G2 * H2",按 Enter 键完成一月盈利额计算,拖动 I2 单元格的填充柄到 I13。

（5）在表格开始处建立一个名为"2001年冷饮专柜销售统计表"的标题，跨A到I列居中，文字14号，粗体，红色。

单击第1行的行号选取整行，执行"插入|行"命令，所有数据下移一行。在A1单元格中输入标题内容后，选取A1到I1区域，单击"格式"工具栏中的"合并及居中"按钮，利用"格式"工具栏设置标题内容为14号，粗体，红色，适当调大行高。

（6）选择一种自动套用格式修饰表格。

激活数据区的某一单元格，执行"格式|自动套用格式"命令，选择一种格式，单击"确定"按钮。

（7）将Sheet1表中的部分数据（某一个数据区或几个数据区）复制到Sheet2表中。

选取Sheet1表中的部分数据，执行"编辑|复制"命令，定位Sheet2表中的特定单元格，执行"编辑|粘贴"命令。

（8）在J16单元格中显示十二个月中盈利最差月份的"月盈利额"。

激活J16单元格，在其中输入公式"＝min(I3：I14)"，按Enter键确认。

练习三　图表的创建和编辑

1. 练习目的

（1）掌握利用Excel的图表功能，将表格中的数据图形化。

（2）掌握创建和编辑图表数据的方法。

（3）掌握对图表类型的定义及外观的修饰。

2. 练习内容

要求：打开工作簿文件icecream.xls，另存该文件，命名为"图表.xls"，在该工作簿中创建嵌入式图表，或者是一个独立的图表工作表，并对图表进行适当修饰。

（1）参考图5.7，创建一个反映"盈利率"升降情况的图表。

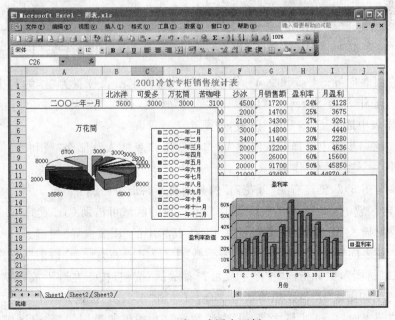

图5.7　嵌入式图表两例

练习步骤：

① 选定区域 H2：H14。

② 选择"插入|图表"命令或单击"常用"工具栏中的"图表向导"按钮。

③ 在"图表向导—4 步骤之 1—图表类型"中,设定图表类型为"柱形图",子图表类型为"三维簇状柱形图",然后鼠标指向"按下不放可查看示例"按钮,按下左键不放,可以从"示例"中观察到将要产生的图表,如图 5.8 所示。若"示例"显示不正确,原因可能是数据区域选取有误,或图表类型选择不对,可从头再来;如果"示例"显示与设想的基本吻合,可单击"下一步"按钮。

④ 在"图表向导—4 步骤之 2—图表源数据"中,图表源数据的"数据区域"和"系列"已由系统按照选取的区域自动设定,在此不作修改,可直接单击"下一步"按钮。

⑤ 在"图表向导—4 步骤之 3—图表选项"中,选择"标题"选项卡,图表标题由系统默认为"盈利率",只需要输入分类(X)轴"月份",数值(Z)轴"盈利率数值",如图 5.9 所示,然后单击"下一步"按钮。

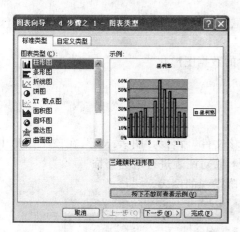

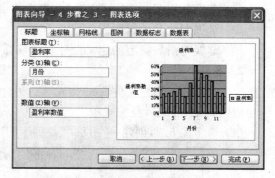

图 5.8 "图表向导—4 步骤 1—图表类型"　　图 5.9 "图表向导—4 步骤 1—图表选项"

⑥ 在"图表向导—4 步骤之 4—图表位置"中,设定图表位置为"作为其中的对象插入",并选定工作表为 Sheet1,然后单击"完成"按钮,此时"图表向导"对话框关闭,在Sheet1 工作表中插入了"盈利率"图表,如图 5.7 所示。

如果在这一步骤中选择图表位置为"作为新工作表插入",那么"盈利率"图表将成为该工作簿中一个独立的工作表。

(2) 参考图 5.7,创建有关"万花筒"的月销售额饼形分布图。

① 选定区域 A3：A14 和 D3：D14(选取不连续的区域可借助 Ctrl 键)。

② 选择"插入|图表"命令或单击"常用"工具栏中的"图表向导"按钮。

③ 在"图表向导—4 步骤之 1—图表类型"中,设定图表类型为"饼图",子图表类型为"分离型三维饼图",鼠标指向"按下不放可查看示例"按钮,按下左键不放,从"示例"中观察到将要产生的图表,若与设想的基本吻合,可单击"下一步"按钮。

④ 在"图表向导—4 步骤之 2—图表源数据"中,图表源数据的"数据区域"和"系列"

已由系统按照选取的区域自动设定,在此不作修改,可直接单击"下一步"按钮。

⑤ 在"图表向导—4 步骤之 3—图表选项"中,选择"标题"选项卡,在图表标题栏输入"万花筒";再选择"数据标志"选项卡,选择"值"复选框,使分离三维饼图每个部分的旁边显示对应的数值。

⑥ 在"图表向导—4 步骤之 4—图表位置"中,设定图表位置为"作为其中的对象插入",并选定工作表为 Sheet1,然后单击"完成"按钮,此时"图表向导"对话框关闭,在 Sheet1 工作表中插入了另一个图表——"万花筒"图表,如图 5.7 所示。

如果在这一步骤中选择图表位置为"作为新工作表插入",那么"万花筒"图表将成为该工作簿中一个独立的工作表。

(3) 对图表进行适当的修饰,包括颜色,说明文字的字号、字形,图形的位置及大小等。

图表刚插入完成时,外观往往不理想,所以需要对图表作调整、设置,可以从以下几个方面着手。

① 右击图表,从快捷菜单中选择"图表区格式"命令,可以设定字体、字形、字号,而且改变字号大小有时有突出效果;还可以改变图表区的背景色和边框等。

② 从图表快捷菜单中选择"图表类型"命令,可以更改图表的类型。

③ 从图表快捷菜单中选择"图表选项"命令,可以修改图表的标题、坐标轴标题;可以设定图例的位置和显示与否;还可以设定数据标志、坐标轴、网格线等。

④ 从图表快捷菜单中选择"源数据"命令,可以改变图表所表现的数据区域。

⑤ 从图表快捷菜单中选择"设置三维视图格式"命令,可以改变图表的三维视图效果。

练习四　工作表的预览和打印

1. 练习目的

(1) 掌握将 Word 表格数据导入到 Excel 中的方法。

(2) 掌握在 Excel 中进行表格数据打印的方法。

2. 练习内容

(1) 将 Word 文件"虚拟表.DOC"中的数据表格内容(图 5.10)导入到 Excel 文件"虚拟表.XLS"的一个工作表中,成为 Excel 数据表。

练习步骤:

① 打开素材文件"虚拟表.DOC",或自己新建一个 Word 文件,输入如图 5.10 所示的数据表格内容。选定整个数据表格,执行"编辑|复制"命令。

② 新建 Excel 文件"虚拟表.XLS",在其中一个工作表中激活 A1 单元格,执行"编辑|粘贴"命令,将 Word 数据表格导入,成为 Excel 的数据表。

(2) 对这个工作表的数据进行相应的处理。

可进行以下一些处理。

① 完成"总销售额"列的计算。

② 对表格数据作一些格式设置,如字形设置,调整列宽、行高,设置标题行等内容的

图 5.10　Word 数据表格

对齐方式等。

（3）参考图 5.11，选择一种图表类型，创建一个图表。

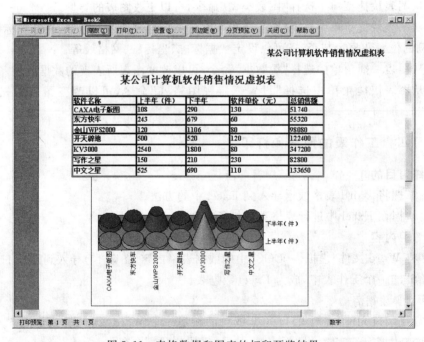

图 5.11　表格数据和图表的打印预览结果

① 选定区域 A2:C9（这里设定整个数据表区域在 A1:E9，第一行为标题）。

② 选择"插入|图表"命令或单击"常用"工具栏中的"图表向导"按钮。

③ 在"图表向导—4 步骤之 1—图表类型"中，选择"自定义类型"选项卡，从图表类型中选择"圆锥"，即可单击"完成"按钮，再对图表作一定的调整、设置，便可以实现如图 5.11 中的图表的创建。

（4）设置工作表的页面形式（如页面方向为纵向或横向），适当调整页边距等，并加入恰当的页眉和页脚文字。

① 设置工作表的页面形式可以执行"文件|页面设置"命令，弹出对话框如图 5.12 所示。在"页面"选项卡中可以设置页面方向为纵向或横向；在"页边距"选项卡中可以适当调整页边距。

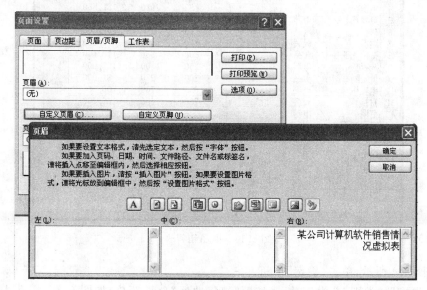

图 5.12 Excel 工作表的页面设置

② 为添加图 5.11 中所示的页眉内容，可在对话框中选择"页眉/页脚"选项卡，单击"自定义页眉"按钮，打开"页眉"对话框，在"右(R)"栏中输入如图 5.12 中所示的内容。

（5）打印预览和打印工作表。

① 打印预览可选择"文件|打印预览"命令。

② 打印工作表可选择"文件|打印"命令，并在对话框中的"打印内容"栏中选择"打印工作表"。

练习五　数据管理练习

1. 练习目的

（1）了解数据清单概念，掌握在 Excel 中创建数据清单的方法。

（2）了解 Excel 中的排序和分类汇总等数据管理功能。

2. 练习内容

（1）新建 Excel 工作簿文件"商品销售表.XLS"，参照图 5.13，建立一个 Excel 数据清单（或直接打开本书提供的同名素材文件）。

（2）数据清单中的数据先按照产品的"类别"排序，再在类别排序的基础上按照"销售地区"排序。

① 激活数据清单区域的任何一个单元格，选择"数据|排序"命令。

② 在"排序"对话框中，"主要关键字"栏输入"类别"，"次要关键字"栏输入"销售地

圖中表格窗口：

Microsoft Excel - 商品销售表.xls

文件(F) 编辑(E) 视图(V) 插入(I) 格式(O) 工具(T) 数据(D) 窗口(W) 帮助(H)

I23

	A	B	C	D	E	F	G
1	产品名称	类别	销售地区	销售数量	单价	销售额	
2	洗衣机	电器	上海	1000	1360	1,360,000	
3	电冰箱	电器	北京	2100	2400	5,040,000	
4	电视机	电器	上海	722	2980	2,151,560	
5	电冰箱	电器	重庆	370	2290	847,300	
6	衬衫	服装	上海	280	850	238,000	
7	短裤	服装	石家庄	174	430	74,820	
8	哥伦比亚咖啡	食品	广州	300	368	110,400	
9	洗衣机	电器	广州	150	1100	165,000	
10	贵妃醋	食品	天津	300	270	81,000	
11	电视机	电器	广州	1000	6700	6,700,000	
12	衬衫	服装	北京	260	650	169,000	
13	空调	电器	上海	2000	3400	6,800,000	
14	富丽饼干	食品	北京	3600	240	864,000	
15	贵妃醋	食品	石家庄	100	270	27,000	
16	大衣	服装	上海	300	1400	420,000	
17	巧克力威化	食品	北京	330	140	46,200	
18	大衣	服装	天津	160	1400	224,000	
19	空调	电器	天津	600	3100	1,860,000	
20	巧克力威化	食品	广州	100	140	14,000	
21							

Sheet1 / Sheet2 / Sheet3 /

图 5.13　商品销售表

区"，如图 5.14 所示，单击"确定"按钮。

（3）先按照"类别"分类汇总，再按照"销售地区"分类汇总，如图 5.15、图 5.16 所示。给出不同产品在不同销售地区的销售数量和销售额的汇总情况，如图 5.17 所示。

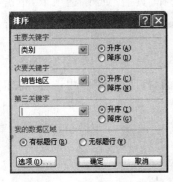

图 5.14　"排序"对话框　　　图 5.15　第一次分类汇总　　　图 5.16　第二次分类汇总

① 这是嵌套分类汇总，即在"类别"分类汇总基础上再按照"销售地区"分类汇总，所以必须先对数据表进行基于"类别"和"销售地区"两个字段的排序，而且"类别"必须作为主要关键字，"销售地区"作为次要关键字。练习内容（2）中已经完成了这种排序，这一步骤可以省略。

② 激活数据清单区域中的任何一个单元格，选择"数据|分类汇总"命令，在弹出的对话框中作如图 5.15 所示的选择，把"类别"作为分类字段；汇总方式选择"求和"；汇总项勾选"销售数量"和"销售额"，单击"确定"按钮，完成第一次分类汇总。

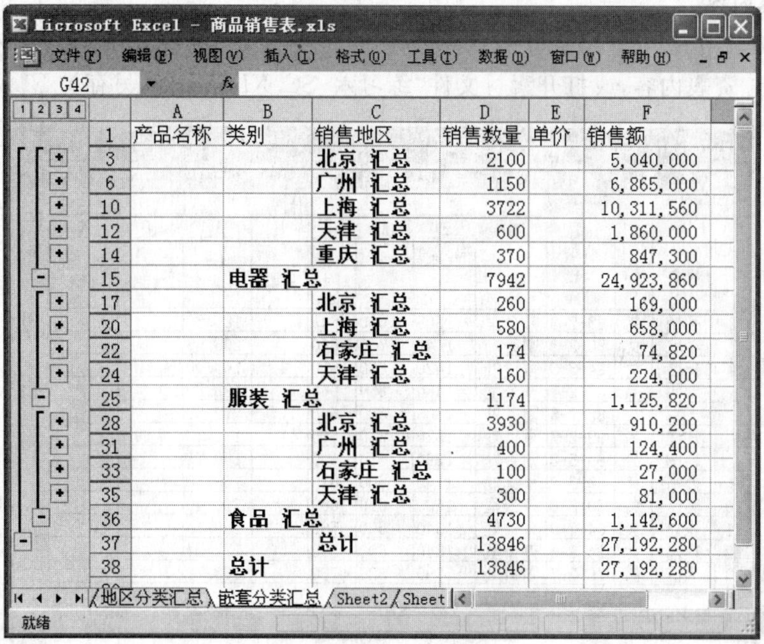

	A	B	C	D	E	F
1	产品名称	类别	销售地区	销售数量	单价	销售额
3			北京 汇总	2100		5,040,000
6			广州 汇总	1150		6,865,000
10			上海 汇总	3722		10,311,560
12			天津 汇总	600		1,860,000
14			重庆 汇总	370		847,300
15		电器 汇总		7942		24,923,860
17			北京 汇总	260		169,000
20			上海 汇总	580		658,000
22			石家庄 汇总	174		74,820
24			天津 汇总	160		224,000
25		服装 汇总		1174		1,125,820
28			北京 汇总	3930		910,200
31			广州 汇总	400		124,400
33			石家庄 汇总	100		27,000
35			天津 汇总	300		81,000
36		食品 汇总		4730		1,142,600
37			总计	13846		27,192,280
38		总计		13846		27,192,280

图 5.17 嵌套分类汇总结果(一)

③ 再次选择“数据|分类汇总”命令,在弹出的对话框中作如图 5.16 所示的选择,把“销售地区”作为分类字段;汇总方式选择“求和”;汇总项勾选“销售数量”和“销售额”;取消对“替换当前分类汇总”的勾选,单击“确定”按钮,完成第二次分类汇总,如图 5.18 所示。

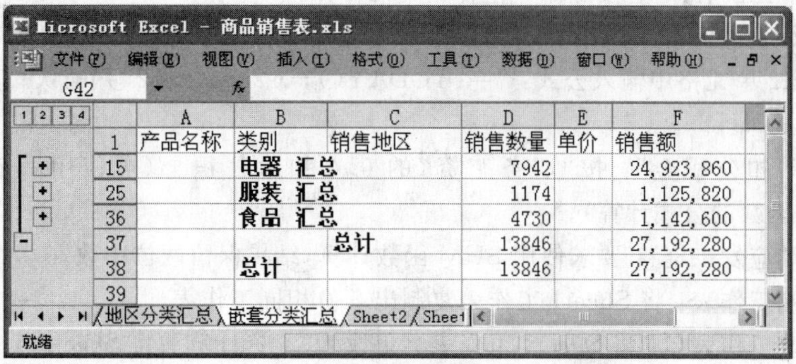

	A	B	C	D	E	F
1	产品名称	类别	销售地区	销售数量	单价	销售额
15		电器 汇总		7942		24,923,860
25		服装 汇总		1174		1,125,820
36		食品 汇总		4730		1,142,600
37			总计	13846		27,192,280
38		总计		13846		27,192,280
39						

图 5.18 嵌套分类汇总结果(二)

练习六 综合练习(一)

1. 练习目的

(1) 了解 Excel 提供的更多函数,提高应用 Excel 处理数据的能力。

(2) 熟悉工作表操作。

(3) 熟悉 Excel 中的排序、筛选等数据管理功能。

2. 练习内容

(1) 创建工作簿文件 ELX6. XLS，在 Sheet1 工作表的 A1:K13 区域中输入如图 5.19 所示的模拟工资表内容，或打开素材文件“练习六_SC. XLS”文件，另存为 ELX6. XLS。

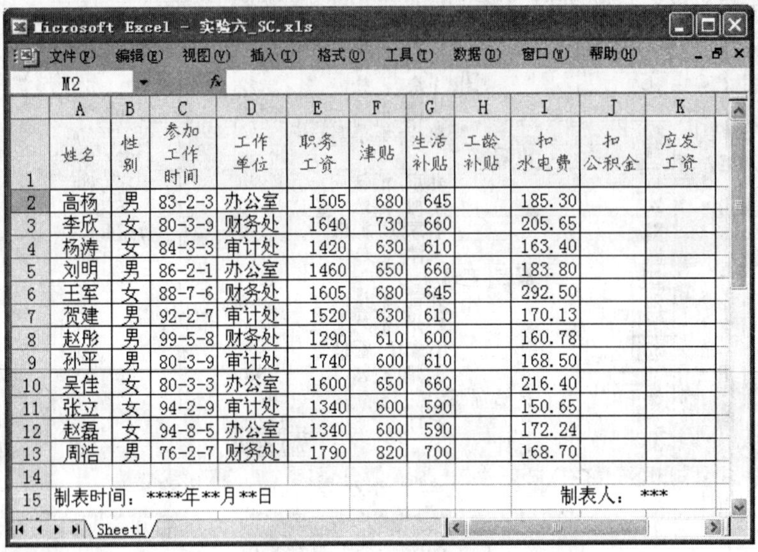

Microsoft Excel - 实验六_SC.xls

文件(F) 编辑(E) 视图(V) 插入(I) 格式(O) 工具(T) 数据(D) 窗口(W) 帮助(H)

M2

	A	B	C	D	E	F	G	H	I	J	K
1	姓名	性别	参加工作时间	工作单位	职务工资	津贴	生活补贴	工龄补贴	扣水电费	扣公积金	应发工资
2	高杨	男	83-2-3	办公室	1505	680	645		185.30		
3	李欣	女	80-3-9	财务处	1640	730	660		205.65		
4	杨涛	女	84-3-3	审计处	1420	630	610		163.40		
5	刘明	男	86-2-1	办公室	1460	650	660		183.80		
6	王军	女	88-7-6	财务处	1605	680	645		292.50		
7	贺建	男	92-2-7	审计处	1520	630	610		170.13		
8	赵彤	男	99-5-8	财务处	1290	610	600		160.78		
9	孙平	男	80-3-9	审计处	1740	600	610		168.50		
10	吴佳	女	80-3-3	办公室	1600	650	660		216.40		
11	张立	女	94-2-9	审计处	1340	600	590		150.65		
12	赵磊	女	94-8-5	办公室	1340	600	590		172.24		
13	周浩	男	76-2-7	财务处	1790	820	700		168.70		
14											
15	制表时间：****年**月**日								制表人：***		

Sheet1

图 5.19　模拟工资表

(2) 参考图 5.19，对表格格式进行设置，如表头填充浅青绿色，文字颜色为紫罗兰，文字垂直方向对齐，可自动换行。

(3) 完成以下计算。

① 计算“工龄补贴”：按工作一年补贴 2 元计算。

操作提示：可使用 TODAY()函数(返回系统当前日期的函数)。计算“高杨”的工龄补贴，可在 H2 单元格中输入公式：“=(TODAY()－C2)/365 * 2”并确认。其余利用填充柄复制公式即可。

② 计算“扣公积金”：按“职务工资”的 0.4 扣除公积金(可使用一般公式或带 PRODUCT 函数的公式计算)。

③ 计算“应发工资”：要求使用 SUM 函数计算，结果保留两位小数。

(4) 复制工作表：将 Sheet1 工作表复制出 3 份相同工作表。

(5) 更改工作表名：将 Sheet1 工作表名更改为“工资计算”；将 Sheet2 工作表名更改为“排序”；将 Sheet3 工作表名更改为“筛选”；将 Sheet4 工作表名更改为“分类汇总”。

(6) 在“排序”工作表中，要求：首先按“工作单位”排序；“工作单位”相同的人，再按“奖金”作递减排序，并保持排序状态。

(7) 在“筛选”工作表中，要求：筛选出职务工资在 1500 以下的女职员，并保持筛选后的状态。

(8) 在“分类汇总”工作表中，要求：按工作单位对“扣水电费”、“扣公积金”和“应发工资”作分类汇总(求和)。

练习七　综合练习(二)

1. 练习目的

(1) 了解 Excel 提供的更多函数,提高应用 Excel 处理数据的能力。

(2) 进一步了解图表制作。

2. 练习内容

(1) 创建工作簿文件 ELX7. XLS,参考图 5.20,在 Sheet1 工作表的 A1:D13 区域和 F1:H6 区域分别建立两个数据表,编号和城市名要求用填充功能来输入。

	A	B	C	D	E	F	G	H
1	2008年十城市环境质量综合评估表					评估情况统计		
2	编号	城市名	评估总分	评定等级		等级	城市数	占百分比
3	1	甲	85			优		
4	2	乙	67			良		
5	3	丙	78			中		
6	4	丁	56			差		
7	5	戊	83					
8	6	己	90					
9	7	庚	89					
10	8	辛	76					
11	9	壬	63					
12	10	癸	89					
13	评估总分平均							

图 5.20　模拟环境质量综合评估表

(2) 计算"评估总分平均";利用 IF 函数根据评估总分给出"评定等级"(90～100 为优;80～89 为良;70～79 为中;70 以下为差)。

在 D3 单元格中使用以下公式:

$=$IF(C3$\geqslant$90,"优",(IF(C3$\geqslant$80,"良",(IF(C3$\geqslant$70,"中","差")))))

(3) 利用"2008 年十城市环境质量综合评估表"的数据,完成"评估情况统计表"的计算。城市数统计用 COUNTIF 函数。

在 G3 单元格中使用以下公式:

$=$COUNTIF($\$$D$\$$3:$\$$D$\$$12,F3)

(4) 参考图 5.21 利用"占百分比"列的数据完成图表制作。

图表类型选择饼图,子图表类型选择分离型饼图。

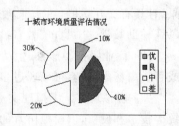

图 5.21　模拟环境质量综合评估图表

第 6 章　多媒体基础应用及 PDF 格式文件

6.1　思　考　题

1. 什么叫多媒体？什么叫多媒体计算机？

【答】　在计算机领域,媒体有两种含义:一是指信息的表示形式,如文字(Text)、声音(Audio,也叫音频)、图形(Graphic)、图像(Image)、动画(Animation)和视频(Video,即活动影像);一是指存储信息的载体,如磁带、磁盘、光盘和半导体存储器等。

多媒体技术中的媒体是指信息的表示形式。多媒体(Multimedia)就是文本、声音、图形、图像、动画和视频等多种媒体成分的组合。

多媒体计算机(Multimedia Personal Computer,MPC)一般是指能够综合处理文字、图形、图像、声音、动画和视频等多种媒体信息(其中特别是传统微机无法处理的音频信息和视频信息),并在它们之间建立逻辑关系,使之集成为一个交互式系统的计算机。它融高质量的视频、音频、图像等多种媒体信息的处理于一身,并具有大容量的存储器,能给人们带来一种图、文、声、像并茂的视听感受。

多媒体计算机能处理的媒体中应至少有一种是时变媒体(如声音、动画和活动影像等)。

2. 举例说明多媒体技术在学习、生活和工作中的应用。

【答】　目前,多媒体技术的应用已经遍及人类生活的各个领域,极大地改变了人们的工作、学习和生活方式,并对大众传播媒体产生了巨大的影响。多媒体技术广泛应用于教育培训、商业服务、管理信息系统(MIS)、多媒体电子出版物、视频会议、虚拟现实、医疗、超文本和超媒体、计算机支持协同工作、军事演练等方面。例如:

(1) 教育培训。利用多媒体技术将图文、声音和视频信息并用,能产生活泼生动的效果,且具有交互功能,可大大激发学习兴趣,提高学习者的学习主动性。其应用范围有CAI辅助教学、公司员工教育、职业训练和外语训练等。

(2) 商业服务。形象、生动的多媒体技术特别有助于商业演示服务。如在大型超市或百货商场内,顾客可以通过多媒体计算机的触摸屏浏览商品、了解它们的性能。

(3) 虚拟现实。虚拟现实通过综合应用计算机图像处理、模拟与仿真、传感、显示系统等技术和设备,以模拟仿真的方式给用户提供一个真实反映操作对象变化与相互作用的三维图像环境,从而构成一个虚拟世界。例如,我们用多媒体电子百科全书查找有关原子的内容时,可"进入"原子的世界,并能从不同角度看到电子在其周围飞旋。VR技术发展潜力极大,将大量应用于训练、展示和娱乐游戏等方面。

3. 多媒体信息为什么要进行压缩和解压缩？

【答】　各种数字化的媒体信息,如图像、声音、视频等的数据量通常都很大,为了达到令人满意的图像、视频画面和听觉效果,就必须解决音频、视频数据的大容量存储和实时传输的问题,这些都需要使用编码压缩技术。解压缩则是将压缩信息进行还原,以便在计算机中播放。

4. 如何用软件方式调节声音输出设备(如音箱)的音量大小?

【答】 利用 Windows 7 提供的音量控制器可以为声卡的各种不同输入和输出提供音量和均衡的设置,用户不仅可以调整所有设备的音量,也可以调整单个设备输入和输出的音量。选择"开始|所有程序|附件|娱乐|音量控制"命令,可以打开"音量控制"窗口,进行相应的设置。

另外,在 Windows 7 任务栏的通知区中有一个音量控制图标,可以快速调整系统音量,或关闭系统声音。

5. 简述几种常用的多媒体开发工具及其特点。

【答】 开发多媒体应用程序的工具和平台很多,根据它们的特点可以分为两大类。

(1)编程语言。如 Visual C、Visual Basic 等高级语言都提供了灵活、方便地访问系统资源的手段,可设计出灵活多变且功能强大的 Windows 多媒体应用程序。但是需要编写很多复杂的代码。

(2)多媒体创作工具。借助多媒体创作工具,制作者可以简单直观地编写程序、调度各种媒体信息、设计人机交互等。这些创作工具可分为以下三类。

① 基于卡片(Card-Based)的开发平台。这种结构由一张一张的卡片(Card)构成,卡片和卡片之间可以相互连接,成为一个网状或树状的多媒体系统。洪图、方正奥思、ToolBook 等都属于这类工具。

② 基于图标(Icon-Based)的开发平台。在这种结构中,图标(Icon)是构成系统的基本元素,在图标中可集成文字、图形图像、声音、动画和视频等媒体素材;用户可以像搭积木一样在设计窗口中组建流程线,再在流程线上放入相应的图标,图标与图标之间通过某种链接,构成具有交互性的多媒体系统。代表性的开发工具是 Authorware。

③ 基于时间(Time-Based)的开发平台。这种结构主要是按照时间顺序组织各种媒体素材,Director 最为典型。它用"电影"的比喻,形象地把创作者看作"导演",每个媒体素材对象看作"演员";"导演"利用通道控制演员的出场顺序(前后关系);"演员"则在时间线上随着时间进行动作,这样用这两个坐标轴就构成了一个丰富多彩的场景。

这几种创作工具都具有文字和图形编辑功能,支持多种媒体文件格式,提供多种声音、动画和影像播放方式,并提供丰富的动态特技效果,交互性强,直接面向各个应用领域的非计算机专业的创作人员,可以创作出高品质的优秀的多媒体应用产品。

另外,美国 Microsoft 公司的办公套件 Office 成员之一的 PowerPoint 也是一种专用于制作演示用的多媒体投影片/幻灯片的工具(国外称之为多媒体简报制作工具),属于卡片式结构,简单易学。

6. 什么 PDF 格式文件?这种格式文件有哪些特点?

【答】 PDF 的英文全称为 Portable Document Format,译作"便携式文件格式",也译为"可移植文档格式",是 Adobe 公司开发的电子文件格式。PDF 格式文件于 2007 年12 月成为 ISO 32000 国际标准,2009 年 9 月 1 日作为电子文档长期保存格式的 PDF/Archive(PDF/A)成为中国国家标准。

PDF 格式文件与操作系统平台无关，也就是说，不管是在 Windows、UNIX 还是在苹果公司的 Mac OS 操作系统中，这种格式的文件都是通用的。

PDF 格式文件有以下特点。

（1）支持跨平台。使用与操作系统平台无关，即在常见的 Windows、UNIX 或苹果公司的 Mac OS 等操作系统中都可以使用。

（2）保留文件原有格式。其他格式文件或电子信息若转换成 PDF 格式文件进行投递，在投递过程中及被对方收到时，能保证传递的文件是"原汁原味的"，具有安全可靠性。如果对 PDF 格式文件进行修改，都将留下相应的痕迹而被发现。

（3）可以将带有格式的文字、图形图像、超文本链接、声音和动态影像等多媒体电子信息，不论大小，均封装在一个文件中。

（4）PDF 文件包含一个或多个"页"，每一页都可单独处理，特别适合多处理器系统的工作。

（5）文件使用工业标准的压缩算法，集成度高，易于存储与传输。

PDF 文件的这些特点使它成为在 Internet 上进行电子文档发行和数字化信息传播的理想文档格式。

7. 什么是多媒体技术？

【答】 多媒体技术（Multimedia Technique）是一种以计算机技术为核心，通过计算机设备的数字化采集、压缩/解压缩、编辑、存储等加工处理，将文本、声音、图形、图像、动画和视频等多种媒体信息，以单独或合成的形态表现出来的一体化技术。

8. 多媒体技术的主要特征是什么？

【答】 多媒体技术的主要特征如下。

（1）数字化：指多媒体中的各种媒体都以数字形式表示和存储，并以数字化方式加工处理。

（2）多样性：指多媒体计算机可以综合处理文本、图形、图像、声音、动画和视频等多种形式的信息媒体。

（3）交互性：指多媒体信息以超媒体结构进行组织，用户与计算机之间可以方便地"对话"，人们可以主动选择和接收信息。

（4）集成性：指将多种媒体有机地结合在一起，使图、文、声、像一体化，共同表达一个完整的多媒体信息。

9. 简述几种常见的音频文件的格式。

【答】 常见的音频文件的格式有以下几种。

（1）WAVE 音频（.wav）。计算机通过声卡对自然界里的真实声音进行采样编码，形成 WAVE 格式的声音文件，它记录的就是数字化的声波，所以也叫波形文件。WAVE 音频是一种没有经过压缩的存储格式，文件相对较大。

录制语音的时候，几乎都是使用 WAVE 格式；WAVE 文件的大小由采样频率、采样位数和声道数决定。

（2）MIDI 音频（.midi）。乐器数字接口（Musical Instrument Digital Interface，MIDI）是在音乐合成器、乐器和计算机之间交换音乐信息的一种标准协议。MIDI 文件就是一种能够发出音乐指令的数字代码。与 WAVE 文件不同,它记录的不是各种乐器的声音,而是 MIDI 合成器发音的音调、音量、音长等信息。所以 MIDI 总是和音乐联系在一起,它是一种数字式乐曲。

由于 MIDI 文件存储的是命令,而不是声音波形,所以生成的文件较小,只是同样长度的 WAVE 音乐的几百分之一。

(3) MP3 音频(.mp3)。MP3 是第一个实用的有损音频压缩编码,可以实现 12∶1 的压缩比例,且音质损失较少,是目前非常流行的音频格式。

(4) CD 音频(.cda)。CDA(CD Audio)音频格式由 Philips 公司开发,是 CD 音乐所用的格式,具有高品质的音质。如果计算机中安装了 CD-ROM 或 DVD-ROM 驱动器,就可以播放 CD 音乐碟。

10. 位图与矢量图有何不同?

【答】 位图图像由一系列像素组成,每个像素用若干个二进制位来指定颜色深度。若图像中的每一个像素值只用一位二进制(0 或 1)来存放它的数值,则生成的是单色图像;若用 n 位二进制来存放,则生成彩色图像,且彩色的数目为 2^n。例如,用 8 位二进制存放一个像素的值,可以生成 256 色的图像;用 24 位二进制存放一个像素的值,可以生成 16777216 色的图像(也称为 24 位真彩色)。常见的位图文件格式有 BMP、GIF、JPEG、TIFF、PCX 等。

矢量图采用一种计算方法生成图形,也就是说,它存放的是图形的坐标值。矢量图存储量小、精度高,但显示时要先经过计算,转换成屏幕上的像素。

常见的矢量图文件格式有 CDR、FHX 或 AI 等,它们一般是直接用软件程序制作的。

6.2 选 择 题

1. MPEG 是(C)的压缩编码方案。

(A) 单色静态图像   (B) 彩色静态图像

(C) 全运动视频图像   (D) 数字化音频

2. 利用 Windows 7 中的录音机可以录制(A)音频文件。

(A) WMA   (B) MIDI   (C) MP3   (D) CD

3. 下面关于声卡的叙述中,正确的是(A)。

(A) 利用声卡可以录制自然界中的鸟鸣声,也可以录制电视机和收音机里的声音

(B) 利用声卡可以录制自然界中的鸟鸣声,但不能录制电视机和收音机里的声音

(C) 利用声卡可以录制电视机和收音机里的声音,但不能录制自然界中的鸟鸣声

(D) 利用声卡既不能录制自然界中的鸟鸣声,也不能录制电视机和收音机里的声音,只能录制人的说话声

4. 利用 Windows 7 的"开始|音乐"选项可以播放(D)。

(A) CD、MP3 和 MIDI 音乐,但不能播放 VCD 或 DVD 影碟

(B) 音乐和其他音频文件

(C) 只能播放 VCD 或 DVD 影碟

(D) WAVE、MIDI 和 MP3 音乐,但不能播放 CD 音乐

5. 以下属于多媒体技术应用范畴的是(D)。

　　(A) 教育培训　　(B) 虚拟现实　　(C) 商业服务　　(D) 以上都对

6. 存储在计算机中的静态图像的压缩标准是(B)。

　　(A) BMP　　(B) JPG　　(C) MPEG　　(D) AVI

7. 在以下获取计算机图像的方法中不包括(D)。

　　(A) 绘图软件　　(B) 抓图软件　　(C) 扫描仪　　(D) 普通相机

8. 以下文件格式中,不属于声音文件的是(B)。

　　(A) WAV　　(B) BMP　　(C) MIDI　　(D) AIF

9. 以下文件格式中,不属于(静态)图像文件的是(D)。

　　(A) JPG　　(B) BMP　　(C) TIF　　(D) AVI

10. 以下文件格式中,不属于视频文件的是(A)。

　　(A) JPG　　(B) MPG　　(C) MOV　　(D) AVI

6.3　填　空　题

1. 多媒体技术的主要特征有:数字化、多样性、交互性、集成性。

2. 扫描仪是一种图像输入设备。

3. 在计算机中,静态图像可分为位图和矢量图两类。

4. 声卡的作用是把模拟波形的声音转换成声音的数字信息,以供计算机存储和处理;同时又可以把声音的数字信息转换为音响设备能够识别的模拟信号。

5. DAT 格式是 VCD/DVD 影碟专用的视频文件格式,是基于 MPEG 压缩和解压缩标准的。

6. 能把文字、数据、图表、声音、图像和动态视频信息集为一体处理的计算机称为多媒体计算机。

7. 可以直接将现实世界中的图像或活动影像拍摄下来并存储为数字信息,供计算机使用的多媒体设备是数码相机和数码摄像机。

8. 可以利用印刷品或平面图片快速获取彩色电子图像的设备是扫描仪。

6.4　上机练习题

练习一　Windows 7 中"录音机"的使用

1. 练习目的

初步掌握 Windows 7 中"录音机"的使用。

2. 练习内容

利用录音机程序录制一段声音。

(1) 准备一个麦克风,将其插头插入声卡的 MIC 插孔,然后选择"开始|所有程序|附

件|录音机"命令,启动 Windows 7 的"录音机"程序,如图 6.1 所示。

（2）单击"开始录制"按钮,开始录音（例如,朗诵一篇文章）,这时"开始录制"按钮变为"停止录制"按钮。录音完毕后,单击"停止录制"按钮结束录音,这时"停止录制"按钮变

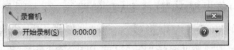

图 6.1　Windows 7 的"录音机"程序

为"继续录制"按钮,且系统弹出"另存为"对话框。这时有两种选择:一是单击"另存为"对话框中的"取消"按钮,然后单击"继续录制"按钮,继续声音的录制,直到录制完毕后单击"停止录制"按钮;一是在"另存为"对话框的"文件名"框中为录制的声音输入文件名,然后单击"保存"按钮,将录制的声音保存为音频文件。

（3）将录制的声音保存为"朗诵.WMA"。

注意：WMA（Windows Media Audio）是微软新发布的一种音频压缩格式,比 MP3 更节省存储空间,可以从网络一边下载一边收听（即支持 Stream 流技术）。WMA 显示了当一首歌曲压缩到很小的时候,还能够保持很高的音质,在网络带宽相对较窄的情况下,收听效果也较理想。

练习二　媒体播放器 Windows Media Player 的使用

1. 练习目的

了解 Windows Media Player 多媒体播放器的使用。

2. 练习内容

（1）使用 Windows Media Player 媒体播放器播放 VCD/DVD 影碟。

① 选择"开始|所有程序|Windows Media Player"命令,打开 Windows Media Player 主窗口。

② 将 VCD 或 DVD 影碟插入光盘驱动器,然后从"播放"菜单中选择"DVD、VCD 或 CD 音频"命令即可,如图 6.2 所示。

图 6.2　Windows Media Player 多媒体播放器

VCD 或 DVD 影碟插入光盘驱动器后，Windows Media Player 窗口的左边导航窗格中将出现 VCD 或 DVD 的图标，右击图标，从快捷菜单中选择"播放"命令也可以开始播放 VCD/DVD 影碟。或右击播放列表窗格中所显示的影碟的一个曲目，然后，从快捷菜单中选择"播放"命令，可以开始播放该曲目。

注意：有自动播放功能的影碟，插入光盘驱动器后即可自动开始播放。

(2) 使用 Windows Media Player 媒体播放器播放 MP3 歌曲，并将自己喜欢的曲目保存为一个音乐列表文件。

① 打开 Windows Media Player 窗口，在窗口右区选择"播放"选项卡，将一些 MP3 歌曲文件拖放到播放列表中，播放器立即会按照拖放的先后顺序开始播放这些曲目。

② 单击"清除列表"按钮可以全部清除播放列表中的曲目，也可以右击某个曲目，从快捷菜单中选择"删除"命令，删除不喜欢的曲目。

③ 保留下喜欢的曲目后，可以单击"保存列表"按钮，如图 6.3 所示，这时"未保存的列表"处变为可编辑状态，如图 6.4 所示，输入新的列表名，如"you 2"，按 Enter 键即可将播放列表中的所有曲目保存到列表文件"you 2.wpl"中（文件保存在"库"的"音乐"中）。

图 6.3　利用 Windows Media Player 播放 MP3 歌曲

以后要播放某列表中的曲目时，可以在 Windows Media Player 窗口导航窗格的"播放列表"中右击某列表名，从快捷菜单中选择"播放"命令即可。

练习三　多媒体娱乐中心 Windows Media Center 的使用

1. 练习目的

初步了解多媒体娱乐中心 Windows Media Center 的使用。

图 6.4　将曲目保存到一个音乐列表文件

2．练习内容

（1）使用 Windows Media Center 播放 VCD/DVD 影碟视频文件。

① 将 DVD 影碟插入光盘驱动器，选择"开始|所有程序|Windows Media Center"命令，打开 Windows Media Center 主窗口。

② 利用左右箭头移动窗口项目，显示如图 6.5 所示的"所有内容归于一处——可使用 Windows Media Center 整理您的假期照片、家庭电影、音乐和幻灯片"，单击"继续"。

图 6.5　多媒体娱乐中心 Windows Media Center 窗口

③ 当显示如图 6.6 所示的窗口时，单击"电影"，出现图 6.7 所示的窗口，单击"播放 DVD"即可。

（2）使用 Windows Media Center 播放 CD 音乐。

① 将 CD 音乐盘插入光盘驱动器，当出现图 6.6 所示的窗口时，选择"音乐"。

② 进一步选择"音乐库"，窗口左下角将出现 CD 音乐盘中的曲目图标，单击此图标，窗口变为如图 6.8 所示，这时单击 Play 按钮，开始播放 CD 盘中的音乐。

图 6.6　单击"电影"

图 6.7　单击"播放 DVD"

图 6.8　播放 CD 音乐

练习四　PDF 格式文件的基本操作练习

1. 练习目的

（1）学会使用 Adobe Acrobat 软件，把 .doc 文件转换成 .pdf 文件，并作为电子邮件的附件发送。

（2）学会将.pdf 文件导出为.doc 文件，并体会.pdf 文件在本质上的不可修改性。

2．练习内容

（1）利用 Word 字处理软件创建一个"个人简历.doc"文件，要求纸张大小为 A4，内容为读者自己从上小学到大学阶段的简历，采用不规则表格形式（可参考第 4 章的上机练习十及图 4.27），在右上角插入 2 寸脱帽半身照片，在栏中填有说明文字。

（2）使用 Adobe Acrobat 软件，把"个人简历.doc"文件转换成"个人简历.pdf"文件。

① 启动 Adobe Acrobat Pro，单击工具栏中的"创建"按钮，从下拉菜单中选择"从文件创建 PDF"命令（图 6.9），或从"文件"菜单中选择"创建 PDF|从文件"命令（图 6.10）。

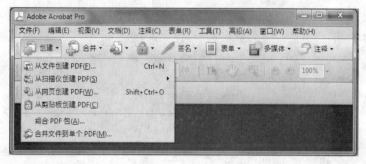

图 6.9　Adobe Acrobat Pro 工具栏"创建"按钮的下拉菜单

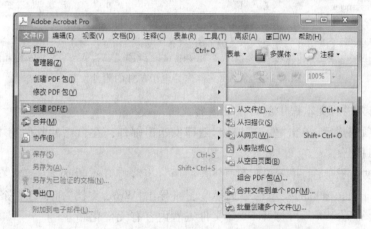

图 6.10　Adobe Acrobat Pro "文件"菜单中的命令

② 然后在打开的对话框中选择目标 DOC 文件的存放位置，选中"个人简历.doc"，单击"打开"按钮，系统显示"正在创建 Adobe PDF……"，表示系统正在把 DOC 文件转换成 PDF 格式文件。

③ 待系统创建完毕，选择"文件|保存"命令，保存 pdf 文件为"个人简历.pdf"。

（3）将"个人简历.pdf"作为电子邮件的附件同时发给家人和自己。

登录自己的邮箱，选择"新建"邮件，完成以下各项。

• 在"收件人"栏：输入家人的电子邮件地址。

• 在"抄送"栏：输入自己的电子邮件地址。

- 在"主题"栏：输入主题"请接收附件中我的个人简历"。
- 添加附件：在"插入"栏中单击"附件"超链接，打开"选择文件"对话框，选定待添加的"个人简历.pdf"文件后，单击"打开"按钮，邮件编辑窗口显示文件开始上载直至完成的过程，如图 6.11 所示。

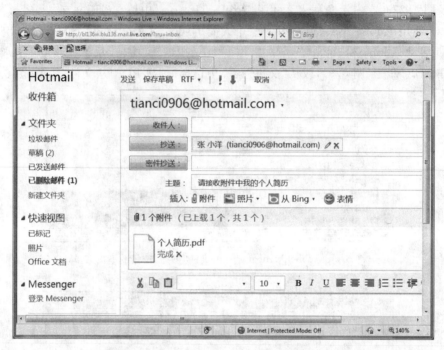

图 6.11　将 pdf 文件作为电子邮件的附件发送

- 在正文栏的文本框中编写正文内容。

以上几项完成后，单击"发送"按钮，随即发送出邮件。在自己的收件箱中应该马上就能接收到这封邮件。

（4）接收电子邮件，并下载附件"个人简历.pdf"，打开查看内容，观察有无变化。再在 Adobe Acrobat 窗口的菜单栏中选择"文件|导出|Word 文档"命令，把"个人简历.pdf"导出为"个人简历.doc"，再打开 DOC 文件查看内容有无变化。

练习五　将网页转换成 PDF 格式文件

1. 练习目的

（1）了解如何将网页转换成 PDF 格式文件。

（2）了解 PDF 文件的网页链接功能。

2. 练习内容

（1）利用 Adobe Acrobat 软件，把你所在学校的网站主页转换成.pdf 文件。

例如，把北京大学主页创建为 PDF 格式文件，步骤如下：

① 单击 Adobe Acrobar Pro 窗口工具栏中的"创建"按钮，从下拉菜单中选择"从网页创建 PDF"命令（图 6.9），即显示如图 6.12 所示的"从网页创建 PDF"对话框。

图 6.12 "从网页创建 PDF"对话框

② 在 URL 栏中填入北京大学主页地址 http://www.pku.edu.cn,单击"创建"按钮,等待片刻,即显示如图 6.13 所示的窗口。

图 6.13　从网页创建的 pdf 文件

③ 选择"文件|保存"命令,在"另存为"对话框中选择保存文件的类型为"Adobe PDF文件",文件名取为"北京大学主页.pdf",单击"保存"按钮,即得到 PDF 格式文件。

(2)利用前面创建的 pdf 文件进行网页浏览操作。

利用网页创建的 pdf 文件仍保留着原有网页中许多超链接对象的链接功能。尝试打开前面创建的"北京大学主页.pdf"文件,单击其中的一些超链接文本,观察其链接功能。

第 7 章　图像处理软件 Adobe Photoshop CS4

7.1　思　考　题

1. RGB 颜色模式中的 R、G、B 分别代表什么意思？

【答】　RGB 是色光的彩色模式，R(Red)代表红色，G(Green)代表绿色，B(Blue)代表蓝色，每种颜色都有 256 个亮度水平级，3 种颜色相叠加形成了其他的颜色，在屏幕上可显示 1670 万种颜色(俗称"真彩色")。例如 RGB(255,255,255)为纯白色，RGB(0,0,0)为黑色，RGB(0,255,255)为青色。

2. CYMK 颜色模式中的 C、Y、M、K 分别代表什么意思？

【答】　CMKY 模式以印刷上用的 4 种油墨色：青(C)、洋红(M)、黄(Y)和黑(K)为基础，叠加出各种其他的颜色。在 CMKY 模式的图像中，最亮(高光)颜色分配较低的印刷油墨颜色百分比值，较暗(暗调)颜色分配较高的百分比值。

3. 简述魔棒工具的作用。

【答】　魔棒工具主要用来选择颜色相似的区域。用魔棒工具单击图像中的某个点时，附近与它颜色相同或相近的点都将自动融入到选区中。

在魔棒选项工具栏中，可以指定魔棒工具选区的容差(即色彩范围)，其值在 0～255 之间；输入较小值可以选择与所点单击的像素非常相似的颜色(若容差为 0，则只能选择完全相同的颜色)，输入较大值可以选择更宽的色彩范围。

4. 在 Photoshop 中如何应用图层和通道编辑图像？

【答】　图层(Layer)是 Photoshop 中的一个重要的图像编辑手段，图层就好比一叠透明的纸，每张纸代表一个层，可以在任意层上单独进行绘图或编辑操作，而不会影响到其他图层上的内容。利用图层可以将图像进行分层处理和管理。首先对各层分别创建蒙版和特效，得到预定效果后，再将各层图像进行组合，通过控制图像的色彩混合、透明度、图层重叠顺序等，实现丰富的创意设计。另外，用户还可以随时更改各图层图像，增加了设计的灵活性。

通道是用来存放颜色信息的，打开新图像时，系统自动创建颜色信息通道。在进行图像编辑时，单独创建的新通道称为 Alpha 通道。在 Alpha 通道中，存储的并不是图像的色彩，而是用于存储和修改选定区域，可以将选区存储为 8 位灰度图像。

5. 在 Photoshop 中如何利用文字工具在图像中创建文本？

【答】　在 Photoshop 中利用文字工具在图像中创建文本的方法如下。

(1) 新建或打开一个图像文件。

(2) 在工具箱中选择文字工具 T，然后在选项工具栏中指定字体、字形、大小、对齐方式、颜色等参数。

(3) 在图像窗口内单击，出现一个插入点，即可输入文字，在"图层"调板上将自动增加一个文字图层 T。

（4）设置文字效果，单击选项工具栏中的"创建变形文本"按钮，或者执行"图层|文字|文字变形"命令，出现"变形文字"对话框，从样式列表框中选择一种样式，并设定相应的变形参数。

（5）按 Ctrl＋Enter 键退出文字编辑状态。

7.2　选　择　题

1. 下列中的（ C ）是 Photoshop 专用的图像文件格式。

 （A）TIFF   （B）GIF   （C）PSD   （D）JPEG

2. 下列设备中的（ D ）不是 Photoshop 的输入设备。

 （A）CCD   （B）扫描仪   （C）数码相机 （D）屏幕

3. 在索引颜色模式下图像最多有（ A ）种颜色。

 （A）256   （B）8   （C）16   （D）24

4. 一个图像最多能有（ A ）通道。

 （A）24   （B）10   （C）16   （D）8

5. 下面的（ B ）最适合进行不规则形状的选择。

 （A）矩形选框工具   （B）磁性套索工具

 （C）单行选框工具   （D）移动工具

6. 色彩的饱和度(Saturation)是指色彩的（ B ）。

 （A）明暗程度   （B）纯度   （C）色系   （D）颜色

7. 明度(Brightness)是指色彩的（ A ）。

 （A）明暗程度   （B）纯度   （C）色系   （D）颜色

8. 在 RGB 模式下，屏幕显示的色彩是由 RGB(红、绿、蓝)3 种色光所合成的，给彩色图像中每个像素的 RGB 分量分配一个从（ A ）到（ B ）范围的强度值。

 （A）0   （B）255   （C）128   （D）256

9. 在 RGB 模式下，屏幕显示黑色时，应给每个像素的 RGB 分量分配一个（ A ）的强度值。

 （A）0   （B）255   （C）128   （D）256

10. 在 RGB 模式下，屏幕显示白色时，应给每个像素的 RGB 分量分配一个（ B ）的强度值。

 （A）0   （B）255   （C）128   （D）256

11. 在 Photoshop 中，不能改变图像文件大小的操作是（ A ）。

 （A）使用放大镜工具   （B）使用裁切工具

 （C）执行"画布大小"命令   （D）执行"图像大小"命令

12. 在 Photoshop 的 CMYK 模式中，较高(高光)颜色分配（ B ）印刷油墨颜色百分比值，较暗(暗调)颜色分配（ A ）印刷油墨颜色百分比值。

 （A）较高的   （B）较低的   （C）不变的   （D）随机的

13. 使用一位存放一个像素的位图模式的图像,可以表示(B)种颜色的图像。

  (A) 1   (B) 2   (C) 3   (D) 8

14. 与自由铅笔或其他绘画工具绘制的位图图形不同,路径是不包含像素的(C)对象。

  (A) 自由   (B) 绘画   (C) 矢量   (D) 位图

15. 用"新建"命令创建一个新的图像,该图像的默认像素尺寸为(D)。

  (A) 1024×768

  (B) 640×480

  (C) 固定

  (D) 与复制到剪贴中图像或选区的大小相同

7.3 填 空 题

1. 数码相机是一种利用CCD成像的电子输入装置。

2. 按住Shift键,可以限制拖动和画图沿直线或45度角的倍数方向。

3. 在工具箱中,凡是右下角带三角标记的工具都含有隐藏工具。

4. 一个文件中的所有图层都具有相同的分辨率、通道数和图像模式。

5. 在"图层"调板中,处于最底层的一般是背景层。

6. 要使前景色和背景色恢复为默认的颜色设置(即前景色为黑色,背景色为白色),应使用工具箱中的默认前景和背景色工具。

7. 画笔工具工具用于绘制柔和的彩色线条。

8. 铅笔工具可绘制硬边描边。

9. 每次对图像进行一次更改,该图像的新状态就被添加到历史记录调板中。

10. 滤镜不能应用于位图模式、索引颜色或16位通道模式的图像。

11. 在 Photoshop 中,对文字层应用滤镜前,应先执行"图层"菜单中的"栅格化"子菜单中的"文字"命令。

12. 在 Photoshop 中,通道调板是专门用来创建和管理通道的,其中显示了当前图像中的所有通道。

7.4 上机练习题

练习一 制作书签

1. 练习目的

(1) 练习 Photoshop 中基本的图像处理方法。

(2) 练习 Photoshop 中文字工具的使用。

(3) 练习 Photoshop 中滤镜的基本使用方法。

2．练习内容

利用一幅现有的图像，在上面加上文字，并使用滤镜效果，制作一张书签。

本练习可以自选书签的画面。

（1）准备一幅用作书签画面的图片（这里选用的是一幅竹子的图片）。

（2）启动 Photoshop，打开竹子图片，然后执行"图像|图像大小"命令，将图片调整为长方形。

（3）单击工具箱中的竖排文字工具，在图片的右下角输入文字"高节清风"，文字颜色为黑色，字体为隶书。

（4）执行"图层|栅格化|文字"命令，将文字图层转化为普通图层。

（5）选择"滤镜|素描|便条纸"命令，对文字应用相应的滤镜，结果如图 7.1 所示。

图 7.1　书签

练习二　图像融合效果的处理

1．练习目的

（1）练习 Photoshop 中图层和通道的基本应用。

（2）练习渐变工具的基本使用方法。

2．练习内容

选择一幅风景图像，再选择一幅人物图像，把人物加入风景图像中，并利用渐变工具制作出人物和风景融为一体的效果。

（1）准备一幅风景图像和一幅人物图像。

（2）启动 Photoshop，分别打开两个图像文件。这里是一个大海的图片 sea.jpg 和一个跳舞的小女孩的图片 girl.jpg。

（3）使用魔棒工具或套索工具，从 girl.jsp 图像中选中人物区域，并将其复制到 sea.jsp 图像编辑窗口。

（4）按住 Ctrl 键，同时单击"图层"调板中的人物缩览图，选中人物；然后执行"选择|存储选区"命令，在"存储选区"对话框中将名称取为"♯1"。

（5）打开"通道"调板，选择当前层为"♯1"，同时单击 RGB 通道前的眼睛图标，隐藏该通道。

将前景色设置为白色，背景色设置为黑色，然后选择渐变工具。在选项栏中选择"线性渐变"类型，并从"渐变拾取器"下拉列表中选取"从前景色到背景色"渐变效果。然后在画面带有虚线框的白色区域中从下往上拖出一条直线，白色区域变成由白到黑的渐变色。

（6）在"通道"调板中选择 RGB 通道，并切换到"图层"调板。

（7）执行"选择|载入选区"命令，在"载入选区"对话框中将通道选为"♯1"，将操作选择"新选区"，选区变成人物的下半部，按 Delete 键删除选区。结果如图 7.2 所示。

图 7.2 跳舞的小姑娘

练习三 设置文字的变形效果

1. 练习目的

(1) 练习 Photoshop 中文字变形效果的设置方法。

(2) 练习在 Photoshop 中对图层设置融合模式的方法

(3) 练习在 Photoshop 中对图层应用样式的方法。

2. 练习内容

在图像编辑窗口中输入文字并设置文字效果,并对文本图层应用样式,然后设置文本图层与背景层之间的融合效果。

(1) 启动 Photoshop,选择"文件|打开"命令,打开作为背景的一幅蓝天白云的图片。选择"图像|图像大小"命令,将图像缩放到 300×225 像素。

(2) 在工具箱中选择横排文字工具,并将前景色设为黄色 RGB(255,255,0),然后在背景图上输入"蓝天白云"4 个字,字体为黑体、大小为 60 点。

(3) 选中工具箱中的文字工具,然后单击文字选项工具栏中的"创建变形文本"按钮,打开"变形文字"对话框,从"样式"列表框中选择"上弧"变形样式,垂直扭曲设置为"+10%"。设置完毕后,将文字内容移至画面中间位置。

(4) 在"图层"调板中,选中文本图层,然后从融合模式列表框中选择"饱和度"选项,将文本图层的融合模式设置为饱和度。

(5) 在"图层"调板中,右击文本图层,从快捷菜单中选择"混合选项"命令,打开"图层样式"对话框,选中"外发光"样式,图素大小为 8 像素;再选中"斜面和浮雕"选项,结构大小为 10 像素。

最终效果如图 7.3 所示。

图 7.3 文字的变形效果

第8章 演示文稿制作软件 PowerPoint 2003

8.1 思 考 题

1. 创建演示文稿的一般步骤是什么？

【答】 创建演示文稿的一般步骤如下。

(1) 启动 PowerPoint,从"新建演示文稿"任务窗格中选择"根据内容提示向导"、"根据设计模板"或"空演示文稿"中的一种,建立演示文稿。

(2) 创建演示文稿后,可以输入和编辑文本。用户可以在幻灯片视图下,在每张幻灯片设置的文本框中直接输入文本;也可以在大纲视图下,处理整个演示文稿的文本。

(3) 丰富演示文稿的内容。根据需要,在每个幻灯片中加入图形或图片、剪贴画、统计图表、组织结构图、表格等对象。

(4) 设置演示文稿的外观。如改变幻灯片文本的格式、设置段落格式、更改幻灯片背景以及设置配色方案等。

(5) 幻灯片放映。执行"幻灯片放映|观看放映"命令,演示文稿在屏幕上以幻灯片的方式放映。

(6) 保存演示文稿。执行"文件|保存"或"文件|另存为"命令,将演示文稿保存为.ppt 格式的文件。

(7) 打印输出(如果需要)。执行"文件|打印"命令,在打印机上打印演示文稿。

2. 什么是版式？什么是占位符？

【答】 所谓版式就是 PowerPoint 幻灯片上各个对象的布局,上面的占位符是系统在母版上预留的对象位置。PowerPoint 提供了多种版式,每种版式的结构中都包含了多种占位符(创建新幻灯片时出现的虚线方框),可用于填入标题、文本、图片、图表、组织结构图和表格等。每个占位符均有提示文字,如"单击此处添加标题",用户只需在文本框中单击一下,即可进入文本输入模式。

3. 一般演示文稿和 Web 演示文稿在数据格式上有什么区别？

【答】 区别在于一般演示文稿保存为.PPT 文档,可以在 PowerPoint 中进行演示;而 Web 演示文稿保存为 HTML 数据格式的文档,可以在 Internet Explorer 等浏览器中进行浏览。PowerPoint 可以专门为全球广域网设计演示文稿,并通过使用"文件|另存为网页"命令轻松地将其发布出去。发布演示文稿意味着将 HTML 格式的演示文稿副本放置到 Web 上。可以将相同演示文稿的副本发布到不同的 Web 地址上,可以发布完整的演示文稿、自定义放映、单张幻灯片或一组幻灯片区域。

4. 什么是设计模板？设计模板与母版有什么不同？

【答】 设计模板决定了演示文稿的版式,它使所有的幻灯片都具有相同的外观,但不包含演示文稿的设计内容。设计模板是一个扩展名为.pot 的文件,包含有预定义的文字格式、图形元素和配色方案。

幻灯片母版是用来存储模板信息的,如字形、占位符大小和位置、背景设计和配色方案等。使用母版的目的是方便用户进行全局更改,并使更改应用于演示文稿的所有幻灯片。利用母版可以更改幻灯片上占位符的位置、大小和格式,更改字体或项目符号,插入要显示在多个幻灯片上的图片或其他对象等。

5. PowerPoint 中有哪些主要视图?其作用是什么?

【答】 PowerPoint 中主要有以下几种视图。

(1) 普通视图。普通视图是主要的编辑视图,用于设计演示文稿。该视图下的PowerPoint 主窗口分为 3 个窗格。其中的"大纲/幻灯片窗格"用于显示幻灯片中的文本大纲或幻灯片的缩略图;"幻灯片窗格"是编辑幻灯片的主要窗口,用于设计或查看每张幻灯片的外观,编辑文本,插入图形、影片和声音等多媒体对象,并为某个对象设置动画效果,或创建超级链接;备注窗格则是用来为幻灯片添加注释信息,供报告人演示文稿时参考。

(2) 幻灯片浏览视图。以缩览图形式显示演示文稿中的全部幻灯片。在该视图下,可以方便地添加、删除、复制或移动幻灯片,设置并预览幻灯片切换和动画效果,调整各幻灯片的次序,以及制作摘要幻灯片等。

(3) 幻灯片放映视图。以全屏幕播放演示文稿中的所有幻灯片,可以听到声音,看到各种图形、图像、视频剪辑和幻灯片切换效果。

6. 隐藏幻灯片和删除幻灯片有什么区别?

【答】 隐藏幻灯片的作用是在放映演示文稿时不播放被隐藏的幻灯片。而删除幻灯片则是将幻灯片从演示文稿文件中删除。

7. 如何设置幻灯片的切换效果?

【答】 切换效果是添加在幻灯片之间的一种过渡效果。设置切换方式的方法如下。

(1) 在普通视图或幻灯片浏览视图中,选中要添加切换效果的幻灯片。如果要使一组幻灯片具有相同的切换效果,可同时选中它们。

(2) 选择"幻灯片放映|幻灯片切换"命令,在"幻灯片切换"任务窗格中选择一种切换效果,并设置合适的切换速度和声音。可以单击鼠标以手动方式控制换片,也可以设置换片时间间隔进行自动换片。

(3) 单击"应用于所有幻灯片"按钮,可使当前切换效果应用到演示文稿的所有幻灯片上。

8. 如何控制幻灯片的放映?

【答】 放映幻灯片时,可以手动或自动方式控制幻灯片的放映。

(1) 手动方式控制幻灯片放映的方法如下。

① 在放映的幻灯片上单击鼠标或按 PageDown 键,放映下一张幻灯片;按 PageUp 键,返回上一张幻灯片。

② 在放映的幻灯片上右击,从快捷菜单中选择下一张、上一张或按标题定位等。

③ 单击幻灯片上设置过链接的对象,跳转到目标幻灯片。

（2）自动控制幻灯片放映的方法如下。

① 执行"幻灯片放映|排练计时"命令，利用排练计时功能，预先设置好幻灯片放映的时间间隔。

② 执行"幻灯片放映|设置放映方式"命令，打开"设置放映方式"对话框。在"换片方式"栏中选中"如果存在排练时间，则使用它"单选按钮，这样就会在正式放映时启用该时间设置，进行自动放映。

9. 如何为幻灯片添加动画效果？

【答】 有两种方法可以为幻灯片添加动画效果。

（1）快速创建动画。在普通视图或幻灯片视图中选择需要设置动画效果的幻灯片，执行"幻灯片放映|动画方案"命令，从"幻灯片设计"任务窗格中选择一种方案。

（2）自定义动画。在幻灯片中选择要定义动画效果的对象（如文本框、图片等），然后执行"幻灯片放映|自定义动画"命令，从"自定义动画"任务窗格中选择一种合适的动画效果。

10. 如何将演示文稿文件进行打包？

【答】 演示文稿文件可以打包成 CD，也可以打包到文件夹中。

（1）打包成 CD。将 CD 放入刻录机，然后执行"文件|打包成 CD"命令，打开"打包成 CD"对话框，为打包后的 CD 输入名称。然后单击"添加文件"按钮，添加要打包的演示文稿文件。根据需要，还可以选择是否包含 PowerPoint 播放器、链接的文件和嵌入的 TrueType 字体等选项，最后单击"复制到 CD"按钮。

（2）打包到文件夹。在"打包成 CD"会话框中，单击"复制到文件夹"按钮，打开"复制到文件夹"对话框，选择打包文件所在的位置和文件夹名称后，单击"确定"按钮。

8.2 选 择 题

1. 在 PowerPoint 中，对母版样式的更改将反映在（ C ）中。
　（A）当前演示文稿的第一张幻灯片　　（B）当前演示文稿的当前幻灯片
　（C）当前演示文稿的所有幻灯片　　（D）所有演示文稿的第一张幻灯片

2. 在 PowerPoint 中，下面表述正确的是（ B ）。
　（A）幻灯片的放映必须是从头到尾的顺序播放
　（B）所有幻灯片的切换方式可以是一样的
　（C）每个幻灯片中的对象不能超过 10 个
　（D）幻灯片和演示文稿是一个概念

3. 在 PowerPoint 中，属于幻灯片的对象的是（ D ）。
　（A）图形图片　　（B）表格　　（C）动画　　（D）以上各项

4. 在 PowerPoint 中，幻灯片的移动和复制（ A ）。
　（A）应该在幻灯片浏览视图下进行　　（B）不能进行
　（C）应该在幻灯片放映视图下进行　　（D）可以在任意视图下进行

5. 在 PowerPoint 中,欲在幻灯片中显示幻灯片编号,需要(B)。

(A) 在幻灯片的页面设置中设置

(B) 在幻灯片的页眉/页脚中设置

(C) 在幻灯片母版中设置

(D) 在幻灯片母版和幻灯片的页眉/页脚中分别做相应的设置

6. 放映幻灯片时,若要从当前幻灯片切换到下一张幻灯片,无效的操作是(C)。

(A) 按 Enter 键   (B) 单击鼠标

(C) 按 PageUp 键   (D) 按 PageDown 键

7. PowerPoint 模板文件的扩展名是(C)。

(A) .doc   (B) .ppt   (C) .pot   (D) .xls

8. 仅显示演示文稿的内容,不显示图形、图像、图表等对象,应选择(B)。

(A) 普通视图中的幻灯片窗格   (B) 普通视图中的大纲窗格

(C) 幻灯片浏览视图   (D) 幻灯片放映视图

9. 在 PowerPoint 的(B)视图下,可以用鼠标拖动的方式改变幻灯片的顺序。

(A) 幻灯片   (B) 幻灯片浏览   (C) 幻灯片放映   (D) 备注

10. 关于插入在幻灯片中的图片、图形等对象,下列描述正确的是(B)。

(A) 这些对象放置的位置不能重叠

(B) 这些对象放置的位置可以重叠,重叠的次序也可以改变

(C) 这些对象不能一起被复制或移动

(D) 这些对象各自独立,不能组合为一个对象

8.3 填 空 题

1. 在 PowerPoint 中,欲改变对象的大小,应先选择对象,然后拖动其周围的控制点。

2. 在 PowerPoint 中,设置幻灯片中各对象的播放顺序是通过选择"幻灯片放映|自定义动画"命令后在"自定义动画"任务窗格中重新排序来设置的。

3. 在 PowerPoint 中,在一张打印纸上打印多少张幻灯片,是通过执行"打印"命令时,在"打印"对话框中的"打印内容"栏选择"讲义"及讲义的"每页幻灯片数"设定的。

4. 要在 PowerPoint 占位符外输入文本,应先插入一个文本框,然后再在其中输入字符。

5. 在幻灯片视图中,向幻灯片中插入图片,应选择"插入"菜单中的"图片"命令,然后再选择相应的命令。

6. 艺术字是一种图形对象,它具有图形属性,不具备文本的属性。

7. 在幻灯片视图中,要在幻灯片中插入艺术字,应选择"插入"菜单的"图片"命令,从级联菜单中选择"艺术字"命令,出现"艺术字库"对话框。

8. 利用排练计时功能,可以预先设置幻灯片放映的时间间隔,进行自动放映。

9. 在设计演示文稿的过程中可以(可以/不可以)随时更换设计模板。

10. 在演示文稿的所有幻灯片中插入一个"结束"按钮,最便捷的方法是在幻灯片母

版中设计。

11. 在幻灯片中可以为某个对象设置链接,放映时单击该对象即可跳转到目标位置。

12. 以 HTML 格式保存演示文稿,应选择"文件"菜单中的"另存为网页"命令。

13. 普通视图包含 3 种窗格,分别为大纲窗格、幻灯片窗格、备注窗格。

14. 在普通视图的大纲窗格中,演示文稿以大纲形式显示,大纲由每张幻灯片的标题和正文组成。

15. 在幻灯片视图中,可以查看每张幻灯片中的所有内容。

16. 在幻灯片浏览视图中,可以看到演示文稿中的所有幻灯片,这些幻灯片是以缩图显示的。

17. 在幻灯片视图中,单击"幻灯片放映"按钮,从当前幻灯片开始放映;在幻灯片浏览视图中,单击此按钮,则从选定幻灯片开始放映。

18. 在 PowerPoint 中,以 .ppt 的扩展名保存演示文稿。

19. 在 PowerPoint 中,插入新幻灯片时出现的虚线框称为占位符。

20. 一个演示文稿文件是由若干张幻灯片组成的。

8.4　上机练习题

练习一　使用空白幻灯片创建演示文稿

1. 练习目的

(1) 练习从空白幻灯片创建演示文稿的方法。

(2) 练习幻灯片的插入和编辑操作。

2. 练习内容

制作一个含有 4 张幻灯片的演示文稿"李白诗三首"。

(1) 启动 PowerPoint,执行"文件|新建"命令,在"新建演示文稿"任务窗格中选择"空演示文稿"选项。

(2) 制作第 1 张幻灯片,如图 8.1 所示。

① 在"幻灯片版式"任务窗格中选择"标题幻灯片"版式。在标题占位符处输入"李白诗三首"。右击标题占位符,选择"设置占位符格式"命令,在弹出的对话框中选择"颜色和线条"选项卡,设置填充颜色为"黄色",线条颜色为"蓝色"。

② 参考图 8.1 在副标题占位符处输入李白生平介绍。右击副标题占位符,选择"设置占位符格式"命令,在弹出的对话框中选择"颜色和线条"选项卡,设置填充颜色为"酸橙色",线条颜色为"宝石蓝"。

③ 分别选中标题占位符和副标题占位

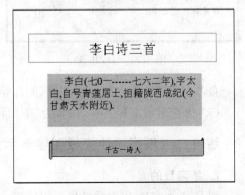

图 8.1　幻灯片 1

符,向上移动位置。

④ 选择"插入|图片|自选图形"命令,显示"自选图形"工具栏,从"星与旗帜"图形中

图 8.2　幻灯片 2

选择一个"横卷形"图形,在幻灯片副标题占位符的下方画出横卷图形。右击横卷图形,选择"设置自选图形格式"命令,在弹出的对话框中选择"颜色和线条"选项卡,设置填充颜色为"红色",线条颜色为"黑色"。

⑤ 右击横卷图形,从快捷菜单中选择"编辑文本"命令,输入文字"千古一诗人"。

(3) 制作第 2 张幻灯片,如图 8.2 所示。

① 选择"插入|新幻灯片"命令,在"幻灯片版式"任务窗格中选择"标题和文本"版式,在标题占位符处输入"黄鹤楼送孟浩然之广陵"。右击标题占位符,选择"设置占位符格式"命令,在弹出的对话框中选择"颜色和线条"选项卡,设置填充颜色为"粉红"色,无线条颜色。

② 在文本占位符处输入诗的内容。选中文本,将文本字体设置为"华文隶书",字号设置为 24。选中文本占位符,拖动鼠标使之变窄。

③ 选择"插入|图片|来自文件"命令,在弹出的对话框中选择一个图像文件,移动图像到合适的位置。

(4) 制作第 3 张和第 4 张幻灯片,如图 8.3、图 8.4 所示。

图 8.3　幻灯片 3

图 8.4　幻灯片 4

参考制作第 2 张幻灯片的步骤,制作第 3 张和第 4 张幻灯片。

(5) 保存演示文稿文件,命名为"李白诗三首 1.ppt"。

练习二　根据设计模板创建演示文稿

1. 练习目的

练习 PowerPoint 中设计模板的使用。

2. 练习内容

根据设计模板制作一个含有 4 张幻灯片的演示文稿"李白诗三首"。

(1) 启动 PowerPoint,执行"文件|新建"命令,在"新建演示文稿"任务窗格中选择"根据设计模板"选项。然后在"幻灯片设计"任务窗格的"应用设计模板"列表框中选择一种设计模板,如选择"诗情画意"设计模板。

(2) 制作第 1 张幻灯片,如图 8.5 所示。

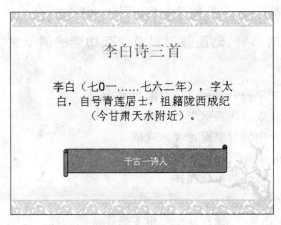

图 8.5　幻灯片示例 1

① 选择"标题幻灯片"版式。在标题占位符处输入"李白诗三首"。在副标题占位符处输入李白生平介绍。分别选中标题占位符和副标题占位符,向上移动它们的位置。

② 选择"插入|图片|自选图形"命令,在幻灯片副标题占位符的下方画出一个横卷图形,并设置填充颜色为"红色",线条颜色为"黑色"。然后在图形中输入文本"千古一诗人"。

(3) 制作第 2 张幻灯片,如图 8.6 所示。

图 8.6　幻灯片示例 2

① 选择"插入|新幻灯片"命令,选择"标题和文本"版式。在标题占位符处输入"黄鹤楼送孟浩然之广陵"。在文本占位符处输入诗的内容,字体为"华文行楷",字号为 32。选

中文本占位符,拖动鼠标使之变窄。然后选择"格式|行距"命令,将"段前"设置为1。

②选择"插入|图片|来自文件"命令,在弹出的对话框中选中一个图像文件,移动图像到合适的位置。

(4) 制作其余两张幻灯片。

参考制作第2张幻灯片的步骤,制作第3张和第4张幻灯片,内容参考图8.3和图8.4。

(5) 保存演示文稿文件,命名为"李白诗三首2.ppt"。

练习三 制作有声音、动画效果以及交互功能的演示文稿

1. 练习目的

(1) 练习在幻灯片中插入各种媒体对象的方法。

(2) 练习为幻灯片添加切换效果。

(3) 练习为幻灯片中的对象设置动画效果。

(4) 练习在幻灯片中加入超链接。

(5) 进一步练习幻灯片的编辑操作。

2. 练习内容

(1) 为"计算机应用基础"课程制作一份多媒体演示文稿。要求:为幻灯片中的图片和文本对象设置动画效果;为幻灯片设置切换方式;并在"目录"幻灯片中设置超链接,单击每个目录行可以链接到相应的幻灯片;在适当处添加声音效果。

①启动 PowerPoint,执行"文件|新建"命令,在"新建演示文稿"任务窗格中选择"根据设计模板"选项。然后在"幻灯片设计"任务窗格的"应用设计模板"列表框中选择一种设计模板,如"blends"设计模板。

②制作第1张幻灯片,如图8.7所示。

图8.7 标题幻灯片

• 第1张幻灯片的版式为"标题幻灯片"。

• 选择"插入图片|艺术字"命令,在"艺术字库"对话框中选择一种样式,并在"编辑艺术字文字"对话框中输入"计算机应用基础",字体为隶书。然后,在幻灯片中调整好艺术字的大小和位置。

• 在"副标题"占位符中输入文本"计算机公共基础教研室",字体为"楷体_GB2312",大小为36,加粗。

• 选中艺术字对象,执行"幻灯片放映|自定义动画"命令,打开"自定义动画"任务窗格,单击"添加效果"按钮,选择"进入|圆形扩展"效果,并设置"开始"选项为"单击时",方向为"内",速度为"快速"。单击该动画效果的向下箭头,选择"效果选项"命令,在"圆形扩展"对话框的"增强"栏中单击"声音"的向下箭头,选择"推动",单击"确定"按钮,即为艺术字对象的动画显示添加了声音效果。

• 参考上一步骤,为副标题对象的进入设置"向内溶解"的动画效果。

③制作第2张幻灯片,如图8.8所示。

图 8.8　第 2 张幻灯片

- 选择"插入|新幻灯片"命令,插入一张"标题和文本"版式的幻灯片。
- 按图 8.8 所示,分别在"标题"占位符和"文本"占位符中输入相应的文本,标题文字设置为楷体_GB2312,蓝色,大小为 44;文本字体设置为宋体,黑色,大小为 28,并设置项目符号。然后调整好占位符的大小和位置。
- 选择"插入|图片|剪贴画"命令,插入"Office 收藏集"中"科技"分类的"计算"子类下的一幅剪贴画,并将其放置在幻灯片的右下角。
- 选择"标题"对象,添加进入时的"飞入"动画效果,方向为"自左侧"。
- 选择"文本"对象(整个文本占位符),添加进入时的"擦除"动画效果,方向为"自左侧",然后在"自定义动画"任务窗格中选中文本对象的动画效果,并单击其右侧的箭头,从列表中选择"效果选项"命令,在"擦除"对话框的"正文文本动画"选项卡的"组合文本"列表中选择"按第二段落"。
- 选择剪贴画对象,添加进入时的"棋盘"动画效果,方向为"跨越"。

④ 制作第 3 张幻灯片,如图 8.9 所示。

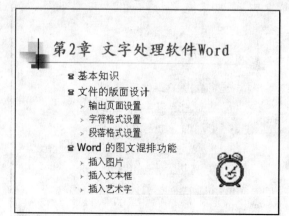

图 8.9　第 3 张幻灯片

- 选择"插入|新幻灯片"命令,插入一张"标题和文本"版式的幻灯片。
- 按图 8.9 所示,分别在"标题"占位符和"文本"占位符中输入相应的文本,并调整好占位符的大小和位置。
- 选择"插入|图片|来自文件"命令,插入一个时钟的 gif 动画文件(clock. gif),将其放置在幻灯片的右下角。

⑤ 制作第 4 张幻灯片,如图 8.10 所示。

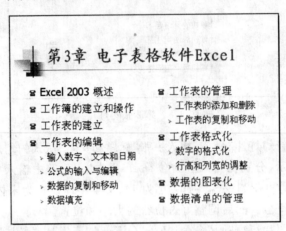

图 8.10 第 4 张幻灯片

- 选择"插入|新幻灯片"命令,插入一张"标题和两栏文本"版式的幻灯片。
- 按图 8.10 所示,分别在"标题"占位符和左右两个"文本"占位符中输入相应的文本,并调整好占位符的大小和位置。

⑥ 制作其余的幻灯片。

按上述方法,再添加几张幻灯片,分别介绍演示文稿制作软件、网络基础、Internet 的使用等内容。

⑦ 制作目录幻灯片,如图 8.11 所示。

图 8.11 目录幻灯片

- 在普通视图下选中第 1 张幻灯片,执行"插入|新幻灯片"命令,在第 1 张幻灯片后面插入一张"标题和文本"版式的幻灯片。
- 按图 8.11 所示,分别在"标题"占位符和"文本"占位符中输入相应的文本,并调整好占位符的大小和位置。
- 选中文本占位符中的第一行文字"第 1 章 计算机基础知识",执行"幻灯片放映|动作设置"命令,打开"动作设置"对话框,在"单击鼠标"选项卡中选中"超链接到"选项,然后从下拉列表中选择"幻灯片……"选项,在"超链接到幻灯片"对话框的"幻灯片标题"列表框中选中"第 1 章 计算机基础知识"。

按同样方式,为文本占位符中的其余各行设置相应的超链接。在幻灯片放映过程中,单击各个超链接会跳转到对应的幻灯片上。

⑧ 为演示文稿设置换片效果。

选择"幻灯片放映|幻灯片切换"命令,打开"幻灯片切换"任务窗格。在"应用于所选幻灯片"列表框中选择"水平梳理"切换效果,换片方式为"单击鼠标时",声音设置为"风铃",然后单击"应用于所有幻灯片"按钮,将这种换片方式应用于当前演示文稿的所有幻灯片上。

⑨ 保存演示文稿文件,命名为"计算机应用基础.ppt"。

(2)为某公司制作一个宣传某种产品的多媒体演示文稿。

略。

(3)制作一个主题为个人简介的电子演示文稿。

略。

练习四 利用"内容提示向导"功能创建演示文稿

1. 练习目的

(1)练习 PowerPoint 中文件的新建和保存。

(2)练习 PowerPoint 中"内容提示向导"功能的使用。

2. 练习内容

利用"内容提示向导",创建一个展示各种电子贺卡的演示文稿。

(1)启动 PowerPoint,执行"文件|新建"命令,在"新建演示文稿"任务窗格中选择"根据内容提示向导"选项,启动内容提示向导。

(2)单击"下一步"按钮,选择将使用的演示文稿类型,从"成功指南"列表框中选择"贺卡"。

(3)单击"下一步"按钮,选择使用的输出类型为"屏幕演示文稿"。

(4)单击"下一步"按钮,输入演示文稿标题,如"电子贺卡"。

(5)单击"下一步"按钮,再单击"完成"按钮。系统会根据内容模板快速创建出样本幻灯片,如图 8.12、图 8.13 所示。

(6)根据需要,用自己的文本替换示例文本,或添加其他的设计元素。

(7)选择"文件|保存"命令,将新建的演示文稿保存为"电子贺卡.ppt"。

图 8.12 样例幻灯片 1

图 8.13 样例幻灯片 2

练习五　制作一个 Web 演示文稿

1. 练习目的

练习如何将演示文稿文件保存为网页文件。

2. 练习内容

利用练习四中建立的演示文稿,制作一个 Web 演示文稿。

(1) 选择"文件|打开"命令,在 PowerPoint 中打开练习四中建立的演示文稿文件"电子贺卡.ppt"。

(2) 选择"文件|另存为网页"命令,打开"另存为"对话框,保存类型为"网页",将该演示文稿保存为"电子贺卡.htm"或"电子贺卡.html"。

(3) 双击网页文件,启动 Web 浏览器(例如 IE 浏览器),浏览演示文稿中的内容,如图 8.14 所示。

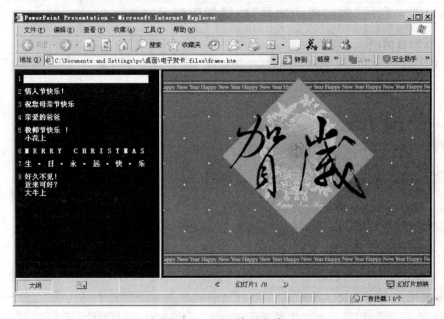
图 8.14　Web 演示文稿

练习六　制作不同版式的演示文稿

1. 练习目的

（1）练习在幻灯片中插入表格的方法。

（2）练习在幻灯片中插入图表的方法。

（3）练习在幻灯片中插入组织结构图的方法。

2. 练习内容

（1）在幻灯片中插入表格。

① 新建一个空演示文稿文件，命名为"不同版式.ppt"。

② 第1张幻灯片的版式为"标题和表格"，在"标题"占位符中输入文本"表格的应用"。

③ 根据"表格"占位符中的提示"双击此处添加表格"，双击表格占位符，出现"插入表格"对话框，输入表格的行数和列数，本题在幻灯片中插入一个6行3列的表格。按图8.15所示输入表格数据，表格第一行的字体为隶书、红色，表格数据水平居中。

姓名	英语	数学
王小平	85	90
马艳红	72	61
张钧	65	72
刘光明	55	80
陈丽丽	95	92

表格的应用

图 8.15　表格幻灯片

④ 选中表格占位符，出现"表格和边框"工具栏，设置线宽为3.0磅，单击"边框颜色"按钮，设置边框线为蓝色，该格式应用于表格的外侧边框。然后再将边框线型设置为虚线，边框线设置为黑色，该格式应用于表格第一行的下边框线。

（2）在幻灯片中插入图表。

① 插入第2张幻灯片，版式为"标题和图表"，在"标题"占位符中输入文本"图表的应用"。

② 根据"图表"占位符中的提示"双击此处添加图表"，双击图表占位符，进入图8.16所示的图表编辑视图。选择"图表|图表类型"命令，在"图表类型"对话框中选择"圆柱图"，子图表类型选择"柱形圆柱图"。

③ 在数据表窗口中，选中前5列，按Delete键删除。然后按图8.17所示输入第1张表格幻灯片中的数据。关闭数据表窗口，结果如图8.18所示。

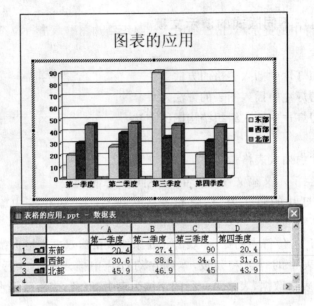

图 8.16 编辑图表

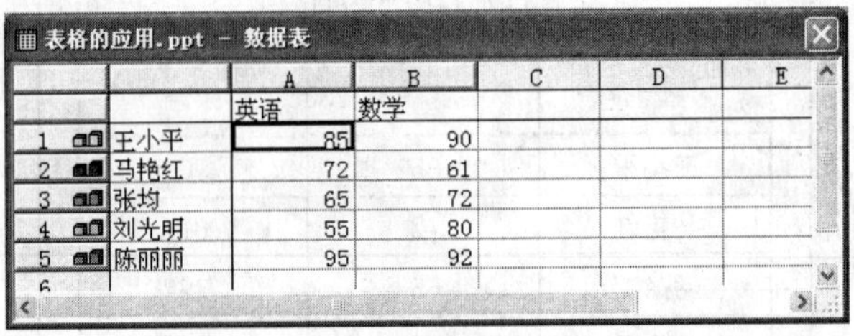

图 8.17 输入图表数据

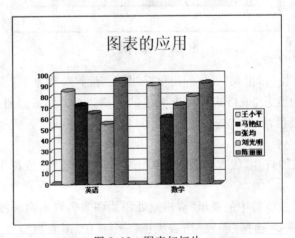

图 8.18 图表幻灯片

（3）在幻灯片中插入组织结构图。

① 插入第 3 张幻灯片,版式为"标题和图示或组织结构图",在"标题"占位符中输入

文本"组织结构图的应用"。

② 根据占位符中的提示"双击添加图示或组织结构图",双击占位符对象,打开"图示库"对话框,图示类型选择"组织结构图"。

③ 按图8.19所示,在第一层文本占位符中输入"计算机应用基础",在第二层的3个文本占位符中分别输入"计算机基础知识"、"操作系统"、"Office办公软件"。然后选中第一层中的占位符对象,再从"组织结构图"工具栏中选择"插入形状"中的"下属"类型,在第二层中添加一个文本占位符,并输入文本"网络基础"。

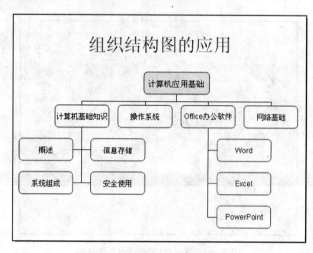

图8.19   组织结构图幻灯片

④ 选中"计算机基础知识"占位符,从"组织结构图"工具栏中选择"插入形状"中的"下属"类型,在组织结构图中添加一个新层,然后再从工具栏中选择"版式"中的"两边悬挂"类型,在第三层的新占位符中输入文本"概述"。选中该占位符,从工具栏中选择"插入形状"中的"同事"类型,在该占位符的右侧添加一个新占位符,输入文本"信息存储"。重复上述过程,再添加两个"同事"类型的文本占位符,并分别输入"系统组成"和"安全使用"。

⑤ 选中"Office办公软件"占位符,从"组织结构图"工具栏中选择"插入形状"中的"下属"类型,再从工具栏中选择"版式"中的"右悬挂"类型,并在新占位符中输入文本"Word"。然后选中新添加的占位符,再为其再添加两个"同事"类型的文本占位符,并分别输入"Excel"和"PowerPoint"。

⑥ 选中第一层中的占位符对象,利用"绘图"工具栏中的"填充颜色"工具,为其填充淡红色底纹。选中第二层中的4个占位符对象,为其填充淡青色底纹。选中第三层中的所有占位符对象,为其填充淡黄色底纹。

练习七   设置演示文稿的外观

1. 练习目的

(1)练习母版的使用方法。

(2)练习在幻灯片中设置背景的方法。

2. 练习内容

(1) 为练习三设计的演示文稿的目录幻灯片设置"水滴"纹理的背景。

① 打开"计算机应用基础.ppt"文件,在普通视图下选中第 2 张"目录"幻灯片。

② 选择"格式|背景"命令,打开"背景"对话框。单击颜色设置下拉框右边的按钮,选择"填充效果"。在"填充效果"对话框的"纹理"选项卡中选择"水滴"纹理,单击"确定"按钮,返回"背景"对话框,再单击"应用"按钮,将该背景应用于当前选中的幻灯片,结果如图 8.20 所示。

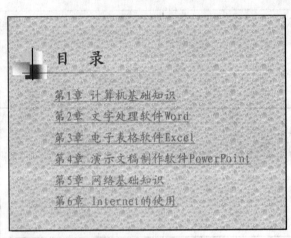

图 8.20　为幻灯片添加纹理背景

(2) 使用母版:在练习三设计的演示文稿的所有幻灯片中添加"上一页"、"下一页"和"返回"按钮。在幻灯片放映过程中,单击"上一页"按钮可以链接到前一张幻灯片,单击"下一页"按钮,可以链接到后面一张幻灯片,单击"返回"按钮,可以链接到目录幻灯片。

① 选择"视图|母版|幻灯片母版"命令,进入幻灯片母版编辑视图。

② 执行"幻灯片放映|动作按钮"命令,从级联菜单中选择"动作按钮:后退或前一项",然后在幻灯片母版上拖动鼠标,画出一个大小适中的按钮图标,松开鼠标,出现"动作设置"对话框,默认超链接到"上一张幻灯片"。

按同样方法,在母版中添加一个"动作按钮:前进或下一项"的按钮图标,默认超链接到"下一张幻灯片"。

③ 单击"绘图"工具栏中的"自选图形"按钮,从"箭头总汇"类型中选择一个"右弧形箭头"图标,添加到幻灯片母版上。然后,右击该图标,从快捷菜单中选择"动作设置"命令,在"动作设置"对话框中设置超链接到"2.目录"幻灯片。

④ 将添加的 3 个图标移到母版幻灯片的右上角,并适当调整大小,结果如图 8.21 所示。

⑤ 退出母版视图,结果如图 8.22 所示(这里只显示前 4 张幻灯片的效果)。

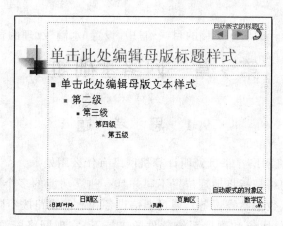

图 8.21　灯片母版

图 8.22　添加了链接按钮的幻灯片

第9章　网络基础知识

9.1　思　考　题

1. 什么是计算机网络？举例说明计算机网络有什么用处。

【答】　计算机网络是指将地理位置不同并具有独立功能的多个计算机系统(如分散的计算机、外围设备、数据站等设备)，通过通信设备和通信线路按不同的网络拓扑结构互连在一起，在相应通信协议和网络系统软件的支持下，实现网络资源共享和相互通信的系统。

计算机网络有以下主要功能。

- 共享软、硬件资源，实现数据通信。
- 实现信息的快速传递和集中处理。
- 均衡负载互相协作，进行分布式处理。
- 提高计算机系统的可靠性，可用性，使其方便维护，易于扩充。
- 提高设备的性能价格比等。

在实际生活和工作中，利用计算机网络可以和他人共享打印机等设备，共享一些软件和数据，收发邮件，搜索资料，下载信息，参与议题，打 IP 电话，视频聊天，等等。

2. 计算机网络由哪几部分组成？各部分都有什么作用？

【答】　计算机网络由硬件和软件两大部分组成。

硬件主要包括计算机(服务器和工作站)、通信介质、通信设备以及外部设备等，各部分的作用如下。

服务器是指被网络用户访问的计算机系统，其主要功能包括提供网络用户使用的各种资源，并负责对这些资源的管理，协调网络用户对这些资源的访问。

工作站(也称为客户机)是用来实现对网络上资源进行访问和信息交换的硬件。

通信介质分为有线和无线两大类。用户必须通过通信介质与远端计算机相连。有线通信介质有电话线、有线电视电缆、双绞线、同轴电缆、光缆等；无线通信用电磁波作为载体来传播数据。

通信设备的作用是保证发送端发送的信息能够快速、正确地被接收端接收。常用的通信设备主要包括网络适配器(网卡)、集线器、交换机、网关和路由器等。

外部设备是指那些用来作为网络用户共享的硬件资源，如打印机、扫描仪、绘图设备及大容量的存储设备等。

计算机网络软件主要包括网络操作系统软件和网络应用软件。网络操作系统软件的作用是实现 TCP/IP 协议(一套完整的通信协议，以保证网络中的接收端和发送端能够正常地完成信息的交互)，控制及管理网络运行和网络资源使用，UNIX 操作系统、微软的 Windows 2000 及其后续版本的操作系统、Linux 操作系统等都是网络操作系统软件。应用软件是指为某一个应用目的而开发的网络软件,例如浏览网页的 Internet Explorer、收发邮件的 Outlook Express 等。

3. 什么是局域网?它是由哪几部分组成的?

【答】 局域网简称 LAN(Local Area Network),是处于同一建筑、同一大学或方圆几千米地域内的专用网络。局域网常被用于公司、办公室、学校或工厂里的微型计算机和工作站,以便共享资源。

局域网的组成有以下几方面。

(1) 硬件方面:网络服务器,工作站,网络适配器,传输介质,其他设备如集线器、交换机、中继器等。

(2) 软件方面:网络操作系统,网络应用软件。

4. 什么是广域网络?什么是 Internet(互联网)?

【答】 广域网络简称广域网(Wide Area Network,WAN),是通信距离大的计算机网络,通常由远程线路(比如电话交换网、公用数据网、卫星通信、光纤等)连接,其覆盖范围可延伸到全国或全世界。

Internet(互联网)指全球计算机互联网络,通常译为因特网,或称国际互联网,它是由各种不同的计算机网络按照某种协议连接起来的网络,是一个使世界上不同类型的计算机能交换各类数据的通信媒介。Internet 是一个特殊的广域网,也是目前最大的广域网。

Internet 具有以下功能,或说提供以下的服务。

- WWW(World Wide Web,环球信息网)资源浏览。
- 电子邮件服务(E-mail)。
- 信息搜索服务。
- 文件传输服务(FTP)。
- 远程登录服务。
- 电子公告板系统(BBS)。
- 电子商务、电子政务、远程教育。
- 在线聊天、在线娱乐等。
- 流视频服务。

5. 通信子网中常用的通信介质有哪几种?

【答】 通信子网中常用的通信传输介质有以下 3 种。

(1) 双绞线(Twisted Pair),适合于一般局域网。

(2) 同轴电缆(Coaxial Cable),较双绞线的屏蔽性好,传输距离更远。它以硬铜线为芯,外包一层绝缘材料。这层绝缘材料用密织的网状导体环绕,网外又覆盖一层保护性材料。有线电视使用的就是同轴电缆。

(3) 光纤(Optical Fiber),其轴芯是用极细小的玻璃纤维制成的,传送的是光信号。光纤的价格高,但可长距离地传送数据,传输速度最快,抗干扰性和传输的安全性最高。

6. 简述路由器、网关、交换机、集线器的功能。

【答】 路由器(Router)是互联网的主要节点设备,起着数据转发和信息资源进出的枢纽作用,是 Internet 的核心设备。路由器了解整个网络拓扑和网络的状态,因而可根据传输费用、转接时延、网络拥塞或信源和终点间的距离来选择最佳的路径发送数据包。路由器的处理速度是网络通信的主要瓶颈之一，它的可靠性则直接影响着网络互联的质量。因此，在 Internet 研究领域中，路由器技术始终处于核心地位。路由器工作在 OSI 模型（开放系统互连七层参考模型）的网络层。

网关（Gateway）又称网间连接器、协议转换器。网关在 OSI 模型的传输层上以实现网络互联，是最复杂的网络互联设备，仅用于两个高层协议不同的网络互联。网关的结构也和路由器类似，不同的是互联层。网关既可以用于广域网互联，也可以用于局域网互联。

集线器（Hub）是网络专用设备，用于把相邻的多台独立的计算机通过线缆连接在一起。集线器的作用是提供网络布线时多路线缆交汇的节点或用于树状网络布线的级连。计算机通过网卡向外发送数据时，首先到达集线器。集线器无法识别该数据将要发往何处，因此它会将信息发送到与其相连的所有计算机。当计算机接收到数据时，首先检查该数据发往的目的地址是否是自己，如果是，则接收数据并进行相关的处理；否则，就丢掉该数据。集线器的特点是其可以发送或接收信息，但不能同时发送或接收信息。目前的 Hub 传输速率有 10Mbps、10/100Mbps、100Mbps 以及 1Gbps 等。

交换机（Switch）的作用类似于集线器，且工作方式也与集线器相同，但交换机可以识别所接收信息的预期目标，因此只会将相应信息发送到应该接收该信息的计算机，而且交换机可以同时发送和接收信息，因此发送信息的速度要快于集线器。交换机的价格比集线器略高。

7. 什么是网络的拓扑结构？常见的局域网的基本拓扑结构有哪几种？

【答】 网络的拓扑结构是指网络中通信线路和站点（计算机或外部设备）的布局或称物理布置，它是描述计算机或外部设备如何连接到网络中的一种架构。

局域网是组成城域网和广域网的基础，常见的局域网的基本拓扑结构有星型结构、环型结构和总线型结构。

星型结构（Star）的特点是所有计算机都连到一个共同的节点，当某一个计算机与节点之间出现问题时不会影响其他计算机之间的联系。

环型结构（Ring）的特点是所有计算机都连到一个环形线路上，每个计算机侦听和收发属于自己的信息。这种拓扑结构的优点是所用的电缆较少，容易安装和监控，传输的误码率低；缺点是硬件连接可靠性较差，并且重新配置网络较难。

总线型结构（Bus）的特点是所有计算机都连到一条线路上，共用这条线路，任何一个站点发送的信号都可以在通信介质上广播，并能被所有其他站点接收。总线型网络安装简单方便，需要铺设的电线最短，成本低，某个站点的故障一般不会影响整个网络。但介质的故障会导致网络瘫痪，总线型网络安全低，监控比较困难，增加新站点也不如星型结构容易。

在一个较大的局域网中，往往根据需要，利用不同形式的组合形成网络拓扑结构。

8. 调制解调器和网卡分别用在什么地方？在功能上有什么区别？

【答】 调制解调器有外置式和内置式两种，内置式调制解调器插在主板的插槽里，外置式调制解调器则是通过电缆插口与计算机的串口相连。

常见的网卡有两种：ISA 网卡和 PCI 网卡。ISA 网卡插在主板的 ISA 插槽，PCI 网卡插在主板的 PCI 插槽,现在多为 PCI 网卡。

调制解调器的功能是将计算机的数字信号转换成可沿普通电话线传送的模拟信号;又负责将电话线传送来的模拟信号转换成计算机可以识别的数字信号。

网卡是计算机和通信介质之间的适配器,它的主要功能是数据帧的生成、识别和传输等。它一方面将计算机的数据封装成帧,并通过网线或电磁波将数据发送到网络上去;另一方面接收网络上其他网络设备(如交换机、集线器、路由器或另外一块网卡)传送过来的帧,并将帧重新组合成数据,发送到所在的计算机中。

9. 如何安装网卡并设置其参数?

【答】 安装网卡并设置其参数有以下三大步骤。

(1) 正确安装网卡,具体步骤为:

① 关闭计算机电源,打开机箱,从计算机的主板上找出一个符合网卡总线类型要求的空闲插槽。ISA 网卡需要 ISA 插槽,PCI 网卡需要 PCI 插槽。

② 轻轻地把网卡插入槽中,网卡会被自动夹紧。

③ 用螺钉把网卡与机箱固定,上好机箱盖。使用一根五类双绞线,使其一端连接到网卡上,另一端连接到墙上的五类模块或其他网络设备的网线接口。

(2) 安装网卡驱动程序。

安装网卡驱动程序与安装其他设备的驱动程序类似。通常情况下,Windows 7 系统会自动搜索并安装新添加网卡的驱动程序。如果系统找不到新添加网卡的驱动程序,则可在网卡附带的光盘上找到。双击光盘中的 INSTALL 或 SETUP 程序,根据安装向导的一步步导引可完成网卡驱动程序的安装。

(3) 设置网卡参数。

安装完网卡的驱动程序之后,还需要设置网卡参数,以建立与网络的连接,具体步骤如下。

① 单击"开始|控制面板",打开控制面板窗口,选择"网络和 Internet",在新的窗口中选择"网络和共享中心"项。

② 单击窗口左侧的"更改适配器设置"项,出现"网络连接"窗口。该窗口显示了本地计算机接入网络的所有方式,包括局域网接入方式("本地连接"项),无线网络接入方式("无线网络连接"项)或 ADSL 接入方式(注:这些方式创建后方能显示)等。

③ 双击"本地连接"项,出现"本地连接状态"对话框(图 9.1),单击"属性"按钮,弹出如图 9.2 所示的"本地连接属性"对话框。

④ 在对话框中选择"Internet 协议版本 4 (TCP/IPv4)",单击"属性"按钮,弹出如图 9.3 所示的对话框。网络上的每台计算机都必须拥有唯一的 IP 地址,就如邮政系统中收信人的地

图 9.1 "本地连接状态"对话框

址一样。IP 地址用一串 32 位二进制数字来表示。此二进制数字可表示为圆点隔开的 4 个十进制数,圆点之间每组的取值范围在 0～255 之间。图中所示的 IP 地址、子网掩码、网关、域名服务器 DNS 等的具体值均需要从局域网管理人员处获得,图 9.3 仅为样例。输入参数后,单击"确定"按钮完成网卡的参数设置。

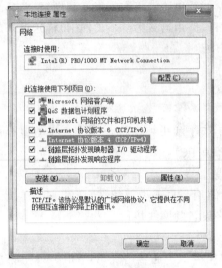

图 9.2 "本地连接属性"对话框

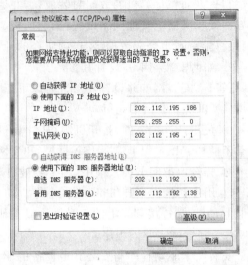

图 9.3 设置本地计算机的 IP 地址等参数

若要通过局域网的代理服务器连入 Internet,还需要选择 IE 浏览器中的"工具|Internet 选项"命令,选择"连接"选项卡,如图 9.4 所示,单击"局域网设置"按钮,在如图 9.5 所示的"局域网(LAN)设置"对话框中作"代理服务器"栏设置,选择"为 LAN 使用代理服务器"复选框后,输入代理服务器地址和端口号,具体值也需要从网络管理人员处获得。

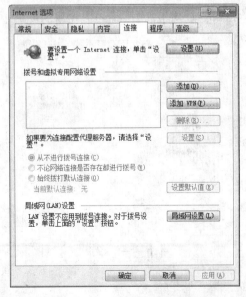

图 9.4 Internet 选项的"连接"选项卡

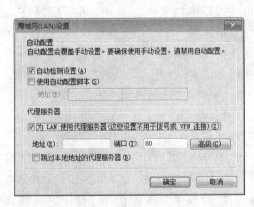

图 9.5 局域网(LAN)设置

10. 因特网接入技术都有哪些？它们的优缺点是什么？

【答】 为了访问因特网(Internet)上的资源，首先需要配置用户端计算机能够正确地连接到网络上。因特网的接入方式与计算机网络的通信介质相对应，主要有以下几种。

(1) PSTN 拨号方式。PSTN(Published Switched Telephone Network，公用电话交换网)技术是通过调制解调器(Modem)拨号实现用户接入的方式，与通信介质电话线相对应。该技术的优点在于使用 PSTN 拨号上网非常简单，只需一台装有调制解调器的电脑，把电话线接入调制解调器就可直接上网；缺点是上网速度慢(最高速率为 56Kbps)，一旦接入网络就不能接收或拨打电话。该技术基本上已被 ADSL 技术所取代。

(2) ISDN 拨号方式。为了弥补公用电话交换网中上网和使用电话之间互斥的缺点，ISDN(Integrated Service Digital Network，综合业务数字网)在客户端增加了专用的终端设备：网络终端 NT1 和 ISDN 适配器，通过一条 ISDN 线路(通信介质为电话线)，就可以在上网的同时拨打电话、收发传真，就像两条电话线一样。与 PSTN 拨号相比，ISDN 拨号的上网速度增加了(极限速度 128Kbps)，同时允许上网、接打电话和收发传真。但是 ISDN 拨号方式接入需要到电信局申请开户，同时，使用其上网的速度仍然不能满足用户对网络上多媒体等大容量数据的需求。

(3) DDN 专线方式。DDN(Digital Data Network，数字数据网络)是随着数据通信业务发展而迅速发展起来的一种新型网络。如果说 PSTN 和 ISDN 是公路中的省道、国道的话，那么 DDN 就有点类似于高速公路的味道。DDN 的主干网通信介质有光纤、数字微波、卫星信道等，用户端多使用普通电缆和双绞线。DDN 将数字通信技术、计算机技术、光纤通信技术以及数字交叉连接技术有机地结合在一起，提供了高速度、高质量的通信环境，可以向用户提供点对点、点对多点透明传输的数据专线出租电路，为用户传输数据、图像、声音等信息。DDN 的通信速率可根据用户需要在 $n \times 64\text{Kbps}(n=1 \sim 32)$ 之间进行选择，当然速度越快租用费用也越高。用户租用 DDN 业务需要申请开户，由于其租用费较贵，普通个人用户负担不起，因此，其主要面向的是集团公司等需要综合运用的单位。

(4) ADSL 拨号方式。ADSL(Asymmetrical Digital Subscriber Line，非对称数字用户环路)是一种能够通过普通电话线提供宽带数据业务的技术，也是目前家庭用户接入 Internet 使用最多的一种接入方式。ADSL 素有"网络快车"之美誉，具有下行速率高、频带宽、性能优、安装方便等优点。ADSL 使用电话线作为通信介质，配上专用的拨号器即可实现数据高速传输，其传输速率在 $1 \sim 8\text{Mbps}$ 之间，其有效传输距离在 $3 \sim 5\text{km}$。ADSL 拨号接入方式需要去电信局申请开户。

(5) 有线电视网接入方式。它利用现成的有线电视(CATV)网进行数据传输。用户端通过有线调制解调器(Cable Modem)，利用有线电视网访问 Internet。有线电视网接入方式与 PSTN 接入方式非常相似，将数据进行调制后在 Cable(电缆)的一个频率范围内传输，接收时进行解调，不同之处在于它是通过有线电视的某个传输频带进行调制解调的。Cable Modem 连接方式可分为两种：即对称速率型和非对称速率型。前者的通信速率在 $500\text{Kbps} \sim 2\text{Mbps}$ 之间，后者的传输速率在 $2 \sim 40\text{Mbps}$ 之间。采用 Cable Modem 上网的缺点是由于 Cable Modem 模式采用的是相对落后的总线型网络结构,这就意味着网络用户共同分享有限带宽;另外,购买 Cable Modem 和初装费也都不算很便宜,这些都阻碍了 Cable Modem 接入方式在国内的普及。

(6) 局域网接入方式。局域网接入方式是利用以太网技术,采用光缆加双绞线的方式对社区(包括学校、公司、政府、小区等)进行综合布线。目前,国内高校普遍采用这一接入方式。该方式的具体实施方案是:从学校机房铺设光缆至教学楼、宿舍楼、办公楼等建筑,建筑内布线采用五类双绞线连接至每个教室或办公室,双绞线总长度一般不超过 100 米,房屋内部的计算机通过五类跳线接入墙上的五类模块就可以实现上网。学校机房的出口是通过光缆或其他通信介质接入城域网。采用局域网接入方式可以带来极大的好处,其特点是上网速度快(是 PSDN 拨号上网速度的 180 多倍),稳定性和可扩展性好,结构简单,易于管理。目前,政府、学校、公司等普遍建有局域网。

(7) 无线通信接入方式。无线通信接入方式技术发展很快,目前,国内外很多机场、高校、商场等都建有无线网络。在该接入方式中,一个基站可以覆盖直径 20km 的区域,每个基站最多可以负载 2.4 万用户,每个终端用户的带宽最高可达到 25Mbps。但是,每个基站的带宽总容量为 600Mbps,终端用户共享其带宽,因此,一个基站如果负载用户较多,那么每个用户所分到实际带宽就很小了。采用这种方案的好处是可以使已建好的宽带社区迅速开通运营,缩短建设周期。

上述 7 种因特网接入方式中,PSTN 拨号和 ISDN 拨号已经被 ADSL 拨号所取代;DDN 面向的是社区商业用户;有线电视网接入方式由于其成本的问题,在国内还不是很普及。目前,国内的大部分网络用户以高校(包括单位)用户、移动用户和家庭用户为主,他们分别采用局域网方式、无线通信方式和 ADSL 拨号方式接入因特网。

11. 在一个有 5 台微机的办公室里,若组装一个局域网,需要什么软、硬件?

【答】 局域网是指计算机硬件在比较小的范围内通过通信线路组成的网络。组成局域网的计算机硬件有网络服务器、工作站或其他外部设备、网卡以及连接这些计算机的集线器或交换机等。

在一个有 5 台微机的办公室中,可按较低要求组装局域网,需要以下硬件和软件。

(1) 需要的硬件。

① 5 台微机配 5 块网卡。

② 一台集线器(条件好些可用交换机)。

③ 连接微机和集线器的双绞线以及其他材料。

(2) 需要的软件。

① 网卡驱动程序。

② 网络操作系统,例如,Windows 7。

12. 如何组建一个家长式管理的环境。

【答】 Windows 7 提供了一种组建家长式管理环境的功能,该功能可使家长方便地控制孩子使用家庭计算机,例如,限制孩子使用计算机的时间,禁止孩子玩特定的游戏,禁止孩子运行一些特定的程序等。组建方法如下。

(1) 创建一个新的用户账户:单击"开始|控制面板",在出现的"控制面板"窗口中单击"用户账户和家庭安全"项;单击"添加或删除用户账户";单击"创建一个新账户"链接;

选择"标准用户",在"新账户名"输入框中输入要为孩子创建的用户账户的名称,如 Tina,单击"创建账户"按钮完成新账户的创建,如图 9.6 所示。

图 9.6　创建一个新账户

（2）为新建的用户账户设置家长控制：单击新建的账户,在出现的窗口左侧单击"设置家长控制"链接,出现如图 9.7 所示的窗口。

图 9.7　家长控制窗口

（3）单击要设置的受控的账户，例如 Tina 项，出现如图 9.8 所示的窗口。

图 9.8　设置家长控制功能

（4）选择"启用，应用当前设置"项，即可激活家长控制功能。单击"时间限制"链接可设置该账户使用计算机的时间限制；单击"游戏"链接可设置该账户运行游戏的权限；单击"允许和阻止特定程序"链接可设置该账户运行程序的权限。最后单击"确定"按钮。

13. 如何在 Windows 7 中设置磁盘或文件夹共享？

【答】　在 Windows 7 中设置文件夹的共享步骤如下。

（1）右击要设置为共享的文件夹或磁盘，在弹出的快捷菜单中选择"共享|特定用户"命令，出现如图 9.9 所示的对话框。可选中允许共享的用户，单击"添加"按钮。

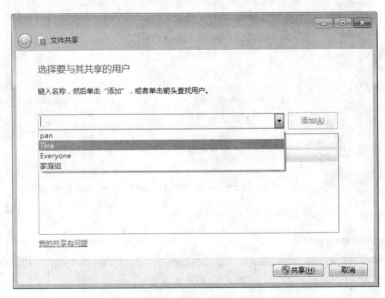

图 9.9　添加文件夹的共享用户

（2）设置共享用户对该文件夹拥有哪些权限：单击添加到名称中的新用户，可从列出的"读取"、"读/写"中进行选择，设置用户对该共享文件夹的权限，默认为"读取"权限，若选择"删除"将删除这个用户，即取消其共享的权限，如图 9.10 所示。

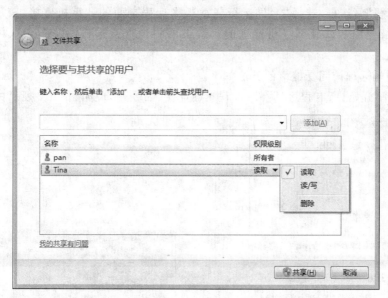

图 9.10　设置用户对共享文件夹的访问权限

当设置 Everyone 账户读取该文件夹时，网络上其他计算机在访问该文件夹时无需提供用户名和密码。

磁盘共享的设置方法与文件夹共享的设置方法类似。

14. 简述在局域网中访问共享文件夹都有哪几种方式？

在局域网中访问共享文件夹或说访问共享资源有以下 5 种方式。

（1）使用资源管理器的"网络"方式。

使用该方式时，可以在"资源管理器"窗口左侧的导航窗格中单击"网络"项，右侧窗口中即显示网络中存在共享资源的计算机，双击需要访问的计算机图标，输入正确的用户名和密码之后，就可以访问该计算机中设定的共享资源。

（2）使用资源管理器的"地址栏"方式。

使用该方式时，可以在"资源管理器"窗口的"地址栏"中输入所知道的提供共享资源的计算机名称或 IP 地址，即可访问目标计算机的共享资源。如果出现提示输入登录的用户名和密码的对话框，则输入用户名和密码之后单击"确定"按钮即可。

（3）映射网络驱动器方式。

该方式是将网络上的共享资源模拟为本地计算机的一个磁盘分区来使用。

（4）使用远程桌面连接方式。

该方式是指网络上的一台计算机（设为控制端）通过远程桌面功能实时地操作网络上的另一台计算机（设为受控端），在受控端安装软件，运行程序等，如直接在本机上操作一样。这种方式要求首先在受控端作如下设置。

① 在控制面板窗口中单击"系统和安全",再选择"系统"项。

② 在"系统"窗口左侧单击"远程设置"链接。

③ 在弹出的"系统属性"对话框的"远程"选项卡(图 9.11)中,选择"允许远程协助连接这台计算机"复选框,选择"允许运行任意版本远程桌面的计算机连接(较不安全)"或"仅允许运行使用网络级别身份验证的远程桌面的计算机连接(较安全)",单击"确定"按钮。

在控制端远程访问受控端的方法如下。

① 选择"开始|所有程序|附件|远程桌面连接"命令,出现如图 9.12 所示的对话框。

图 9.11 "远程"选项卡

图 9.12 远程桌面连接

② 在"计算机"下拉列表框中输入受控端的主机名或 IP 地址,单击"连接"按钮后,出现要求用户输入用户名和密码的对话框。输入正确的用户名和密码并完成认证之后,即可实时地操作受控端。

(5) 使用家庭组方式。

家庭组是 Windows 7 中提出的一个便于家庭信息共享的网络新概念,它在一定程度上简化了家庭网络中各计算机之间共享资源的过程。只有处于家庭网络中的计算机时才可以创建和加入家庭组,加入到家庭组中的计算机与其他人共享"库"(包括音乐、图片、视频和文档)和打印机。使用家庭组方式共享家庭网络的具体做法请参见《计算机应用教程(Windows 7 与 Office 2003 环境)》(清华大学出版社)9.4.3 节的叙述。

15. 什么是计算机网络协议?其作用是什么?

【答】 计算机网络协议是计算机网络中通信双方共同遵守的控制数据通信的规则、约定和标准。在计算机网络的各层中都有相应的协议,且各层协议的功能也是不同的。

协议的制定和遵守是实现正常网络通信的保证。

16. 什么是 OSI 参考模型?

【答】 OSI 参考模型(Open System Interconnect Reference Model)即开放式系统互连基本参考模型,是国际标准化组织(ISO)于 20 世纪 70 年代提出的计算机网络体系结构。任何一个系统,只要遵循 OSI 标准,就可以通过网络与另一个遵循该标准的系统进行通信。

OSI 参考模型分功能不同的 7 层,即物理层、数据链路层、网络层、传输层、会话层、表示层和应用层。

9.2 选 择 题

1. Windows 7 是一种(A)。
   (A) 网络操作系统　　　　　　　　　(B) 单用户、单任务操作系统
   (C) 文字处理程序　　　　　　　　　(D) 应用程序

2. 通过电话线拨号上网需要配备(A)。
   (A) 调制解调器　　(B) 网卡　　(C) 集线器　　(D) 打印机

3. 目前使用的 IP 地址为(D)位二进制数。
   (A) 8　　　　(B) 128　　　　(C) 4　　　　(D) 32

4. IP 地址格式写成十进制时为(C)个用英文句号隔开的十进制数。
   (A) 8　　　　(B) 128　　　　(C) 4　　　　(D) 32

5. 连接到 Internet 上的机器的 IP 地址是(B)。
   (A) 可以重复的　　　　　　　　　(B) 唯一的
   (C) 可以没有地址　　　　　　　　(D) 地址可以是任意长度

6. 计算机网络的主要功能是(D)。
   (A) 分布处理　　　　　　　　　　(B) 将多台计算机连接起来
   (C) 提高计算机可靠性　　　　　　(D) 共享软件、硬件和数据资源

7. 用户通过拨号接入因特网时,拨号器是通过电话线连到(A)。
   (A) 本地电信局　　　　　　　　　(B) 本地主机
   (C) 网关　　　　　　　　　　　　(D) 集线器

8. 下面(A)因特网接入技术不需要向电信局申请。
   (A) PSTN 拨号　　　　　　　　　(B) ISDN
   (C) ADSL 拨号　　　　　　　　　(D) DDN

9. 拨号接入因特网时,以下各项中不是必须的是(D)。
   (A) 浏览器　　　　　　　　　　　(B) 电话线
   (C) 调制解调器　　　　　　　　　(D) ISP 提供的电话线

10. 计算机网络中广域网和局域网的分类是以(C)来划分的。
    (A) 信息交换方式　　　　　　　　(B) 网络使用者
    (C) 网络连接距离　　　　　　　　(D) 传输控制方法

11. 分布在一座大楼或一个集中建筑群中的网络可称为(A)。
    (A) 局域网　　(B) 专用网　　(C) 公用网　　(D) 广域网

12. 在局域网的传输介质中,传输速度最快的是(B)。
    (A) 双绞线　　(B) 光缆　　(C) 同轴电缆　　(D) 电话线

9.3 填 空 题

1. 计算机网络的主要功能是共享软、硬件资源和数据通信。

2. 计算机网络按照计算机硬件的覆盖范围可分为局域网、城域网和广域网。

3. 常见的计算机局域网的拓扑结构有星型结构(star),环型结构(ring)和总线型结构(bus)。

4. 用 ISDN 上网要比用普通电话线上网快得多,而且还可以同时打电话,ISDN 即综合业务数字网,又俗称"一线通"。

5. 普通家庭使用的电视机通过机顶盒设备可以实现上网。

6. IP 地址是由4个用英文句号隔开的数字组成的。

7. 为了书写方便,IP 地址写成以英文句号隔开的 4 个十进制数,它的统一格式是AAA. BBB. CCC. DDD,每个数的取值范围在0~255 之间。

8. 域名是通过域名服务器(DNS 服务器)转换成 IP 地址的。

9.4 上机练习题

练习一 网卡的安装、驱动和参数设置

1. 练习目的

(1) 能独立地安装网卡。

(2) 能独立地安装网卡驱动程序。

(3) 掌握网络连接参数设置。

2. 练习内容

(1) 安装网卡。

① 关闭计算机电源,打开机箱,从计算机的主板上找出一个符合网卡总线类型要求的空闲插槽。ISA 网卡需要 ISA 插槽,PCI 网卡需要 PCI 插槽。

② 轻轻地把网卡插入槽中,网卡会被自动夹紧。

③ 用螺钉把网卡与机箱固定,上好机箱盖。使用一根五类双绞线(参见通信介质),使其一端连接到计算机的网卡上,另一端连接到墙上的五类模块或实验室指定的其他网络设备的网线接口。

(2) 安装网卡驱动程序。

操作提示:通常情况下,Windows 7 系统会自动搜索并安装新添加网卡的驱动程序。如果系统找不到新添加网卡的驱动程序,可将网卡附带的光盘插入计算机的光驱,双击光盘中的 INSTALL 或 SETUP 程序,根据安装向导的一步步导引完成网卡驱动程序的安装。

(3) 网络连接参数设置

网络连接参数设置即设置本地计算机的 IP 地址、子网掩码、网关和域名服务器,步骤如下。

① 单击"开始|控制面板",在打开的控制面板窗口单击"网络和 Internet",再单击"网络和共享中心"项,窗口则如图 9.13 所示。

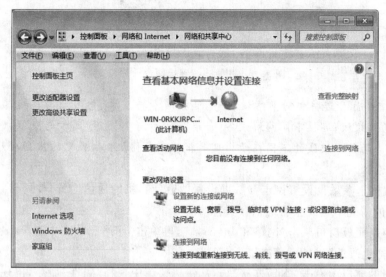

图 9.13 "网络和共享中心"窗口

② 单击窗口左侧的"更改适配器设置"链接,出现"网络连接"窗口。该窗口显示了本地计算机接入网络的所有方式,如局域网接入方式("本地连接"项)、无线网络接入方式("无线网络连接"项)或 ADSL 接入方式(创建后方显示)等。

③ 右击"本地连接"项,从快捷菜单中选择"属性"命令,出现"本地连接属性"对话框(图 9.2)。

④ 在对话框中选择"Internet 协议版本 4(TCP/IPv4)",单击"属性"按钮,弹出如图 9.3 所示的对话框。在此对话框中配置网络连接参数,输入 IP 地址、子网掩码、网关和域名服务器(DNS 服务器)地址等的具体参数值。这些具体参数值需要从局域网管理人员处获得,图 9.3 仅为样例。

输入参数后,单击"确定"按钮完成。设置成功后,用户便可通过网络应用软件(例如 Internet Explorer 浏览器)访问因特网上的资源。

练习二 局域网的组建

1. 练习目的
(1)掌握两台计算机使用直连线互联的方法。
(2)掌握多台计算机使用单个集线器连接组网的方法。
(3)掌握多台计算机使用多个集线器连接组网的方法。

2. 练习内容
(1)两台计算机使用直连线互联并测试其连通性。
① 为两台计算机分别安装好网卡。
具体方法参考练习一。

② 用直连线连接两台计算机。

如图 9.14 所示，用直连线的每一端分别连接每一台计算机的网卡。

图 9.14　用直连线连接两台计算机

注意：直连线指连接相同网络设备（如连接网卡与网卡、集线器与集线器、交换机与交换机等）的双绞线；连接不同网络设备（如连接网卡与集线器、网卡与交换机等）使用普通的双绞线。两种双绞线的不同在于内部 8 根线在 RJ45 水晶头里的排列顺序。购买双绞线时要注意区别。

③ 设置网卡参数。设置网卡参数即设置两台计算机的通信地址，使两台计算机在知悉对方地址的情况下实现正常通信。具体步骤如下。

- 在控制面板窗口单击"网络和 Internet"，再单击"网络和共享中心"项，在窗口左侧单击"更改适配器设置"链接。

- 在新的窗口中右击"本地连接"项，从快捷菜单中选择"属性"命令，出现"本地连接属性"对话框，在对话框中选择"Internet 协议版本 4（TCP/IPv4）"，单击"属性"按钮。

- 在"Internet 协议版本 4（TCP/IPv4）属性"对话框中输入参数，计算机 1 可设置 IP 地址为 192.168.0.1，子网掩码为 255.255.255.0，如图 9.15 所示；计算机 2 可设置 IP 地址为 192.168.0.2，子网掩码为 255.255.255.0，如图 9.16 所示。最后单击"确定"按钮。

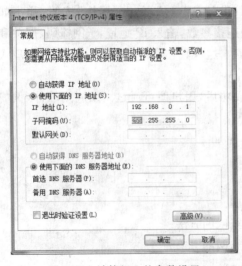

图 9.15　计算机 1 的参数设置

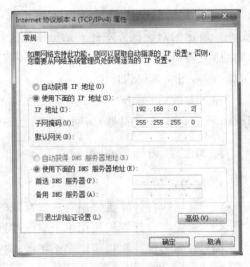

图 9.16　计算机 2 的参数设置

④ 连通性测试。可使用 PING 命令来测试两台计算机能否正常的通信。选择"开始|所有程序|附件|命令提示符"命令，在出现的"命令提示符"后输入 PING 命令，若在计算

机 1 一端中输入"PING 192.168.0.2";在计算机 2 一端中则输入"PING 192.168.0.1"，如果能够收到对方的响应,则连通性测试成功。

（2）多台计算机使用单个集线器（hub）连接组网并测试其连通性。

当参与组网的计算机数量少于集线器的端口数时,可采用单一集线器进行组网。

① 连接计算机与集线器。每台计算机安装好网卡,用双绞线的一端连接到网卡上,另一端连接到集线器的普通口上(图 9.17)。这种组网中,集线器 Uplink 级联端口将不使用。

② 设置网卡参数。为使任意两台计算机之间能够正常通信,需要为每一台计算机设置 IP 地址等参数。具体操作参考本练习（1）的③,可以为计算机 1 设置 IP 地址为 192.168.0.2,子网掩码为 255.255.255.0,网关为 192.168.0.1,如图 9.18 所示。其他计算机的 IP 地址可以依次设置为 192.168.0.3,192.168.0.4,…,192.168.0.254 中的任意一个,子网掩码和网关保持不变。

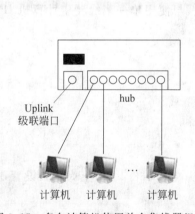

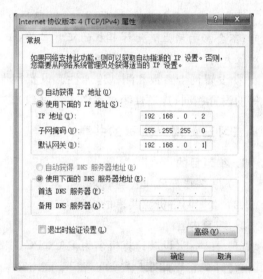

图 9.17　多台计算机使用单个集线器组网　　图 9.18　单一集线器组网中 IP 地址等的设置

注意：网络中不能存在相同 IP 地址的两台计算机,否则,设置就会失败。

③ 连通性测试：可参考本练习（1）的④。

（3）多台计算机使用多个集线器连接组网并测试连通性。

当计算机的数量超过单个集线器端口数时,就需要多个集线器来进行级联组网。

① 网络设备的连接。在多个集线器级联组网中,网络设备的连接包括计算机与集线器之间的连接以及集线器和集线器之间的连接。

每台计算机可根据其地理位置的分布,通过双绞线连接到合适的某个集线器上,该连接方式与本练习（2）使用单一集线器组网方式相同。

连接到相同集线器的计算机可以相互通信,而连接到不同集线器上的任意两台计算机之间仍然不能通信。为了使不同集线器上的计算机建立通信,需要使用一根直连线来连接两台集线器,直连线的一端连接某个集线器的 Uplink 端口,另一端连向另一个集线器的普通端口,图9.19显示的是使用两个集线器级联组网的情况。

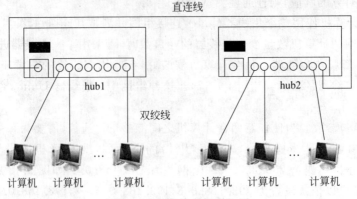

图9.19 双集线器级联组网

注意:集线器组网成本低,施工、管理和维护简单。网络中某条线路或计算机出现故障时,不会影响网上其他计算机的正常工作,但是,由于集线器本身的缺点,当计算机数量相对较大时,宜用交换机进行级联组网。

② 设置网卡参数和测试连通性。设置网卡参数,与使用单一集线器中计算机 IP 地址等的设置相同,连通性测试参考本练习(1)。

练习三 网络资源的共享

1. 练习目的

(1) 掌握账户的设置与登录。

(2) 掌握网络资源共享的多种方式。

2. 练习内容

(1) 在本机(设其计算机名为 PAN-PC,IP 地址为 192.168.1.6)上为别人设置账户(其他计算机将以此账户登录)。

① 选择“开始|控制面板”或双击桌面上的控制面板图标,打开控制面板窗口,单击“添加或删除用户账户”链接,在新窗口单击“创建一个新账户”链接。

② 在“创建新账户”窗口中输入新账户名,如“jing”,并选择“标准账户”,如图9.20所示,最后单击“创建账户”按钮。

③ 在出现的“管理账户”窗口中单击新添加的账户“jing”,在出现的“更改账户”窗口左侧单击“创建密码”链接。

④ 在出现的“创建密码”窗口的“新密码”文本框中输入密码,如“4321”,在“确认新密码”文本框中再次输入该密码,最后单击“创建密码”按钮。

(2) 在本机上设定一个共享文件夹(设共享文件夹为“PPS from Web”),并允许上述账户(jing)访问该共享文件夹。

① 在资源管理器窗口中,右击 PPS from Web 文件夹,从快捷菜单中选择“共享|特定用户”命令,在出现的“文件共享”窗口的文本框中输入“jing”或从下拉列表中选择新账户“jing”,如图9.21所示,单击“添加”按钮,再单击“共享”按钮。

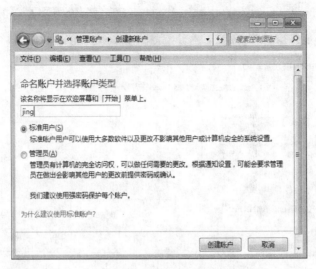

图 9.20　创建新账户窗口

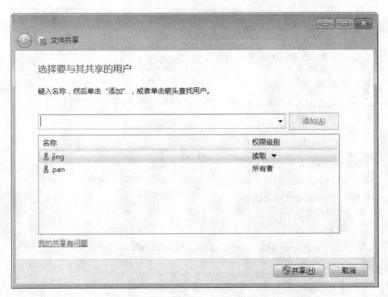

图 9.21　"文件共享"窗口

　　② 在"文件共享"窗口中显示"PPS from Web"文件夹已共享,如图 9.22 所示,单击"完成"按钮。

　　(3) 在本机和其他计算机(准备访问计算机 PAN-PC 的计算机)作"高级共享设置"。

　　任一计算机欲访问网上资源,或者要共享自身资源到网络上,必须先作以下设置:在控制面板窗口单击"网络与 Internet"项,再单击"网络和共享中心"项,再单击"改变高级共享设置"链接,之后作如图 9.23 所示的设置以及选择"启用密码保护共享"等,才可以与网络上的其他计算机实现"彼此发现",并安全共享资源。最后单击"保存修改"按钮。

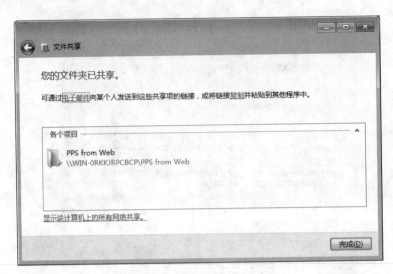

图 9.22　文件已共享

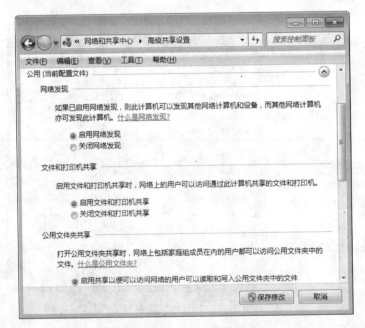

图 9.23　高级共享设置

(4) 尝试用以下几种方式访问计算机 PAN-PC 上的共享文件夹。

① 使用资源管理器的"网络"方式。

在其他计算机的"资源管理器"窗口的导航窗格中单击"网络"项,右侧窗口中即显示网络中存在共享资源的计算机,双击需要访问的计算机(如 PAN-PC)图标,输入正确的用户名(jing)和密码(4321)之后,就可以访问该计算机中设定的共享资源。

② 使用资源管理器的"地址栏"方式。

在"资源管理器"窗口的"地址栏"中输入所知道的提供共享资源的计算机名称(如\\

PAN-PC)或 IP 地址(如\\192.168.1.6),即可访问目标计算机的共享资源。出现提示输入登录的用户名和密码的对话框,则输入用户名(jing)和密码(4321)之后单击"确定"按钮即可。

③ 映射网络驱动器方式。

该方式是将网络上的共享资源模拟为本地计算机的一个磁盘分区来使用。

右击导航窗格中的"计算机"图标,在快捷菜单中选择"映射网络驱动器"命令;在"驱动器"下拉列表框中选择具体映射到哪个驱动器,默认即可;在"文件夹"下拉列表框中输入共享文件夹所在的位置(在计算机名或 IP 地址后还必须输入共享文件夹或者磁盘驱动器名);单击"完成"按钮,输入正确的用户名和密码,若映射成功,"计算机"窗口将在网络位置出现相应的磁盘图标。

④ 使用远程桌面连接方式。

a. 在"受控端"(设其计算机名为 PAN-PC)的控制面板窗口中单击"系统和安全";再选择"系统"项;在"系统"窗口左侧单击"远程设置"链接;在弹出的"系统属性"对话框的"远程"选项卡(图9.11)中,选择"允许远程协助连接这台计算机"复选框,选择"允许运行任意版本远程桌面的计算机连接(较不安全)"单选按钮;单击"确定"按钮。

b. 在"控制端"(即其他计算机)远程访问"受控端":选择"开始|所有程序|附件|远程桌面连接"命令,出现如图9.12所示的对话框;在"计算机"下拉列表框中输入受控端的主机名(如 PAN-PC)或 IP 地址,单击"连接"按钮后,出现要求用户输入用户名和密码的对话框。输入正确的用户名和密码并完成认证之后,即可实时地操作受控端。

⑤ 使用家庭组方式。

具体做法请参见《计算机应用教程(Windows 7 与 Office 2003 环境)》(清华大学出版社)9.4.3节的叙述。

练习四 网络打印机的安装和使用

1. 练习目的

(1) 掌握局域网中打印机的共享操作。

(2) 掌握网络打印机的使用。

2. 练习内容

说明:本练习假设计算机 A 和计算机 B 在同一局域网中,计算机 A 配备了一台打印机,而计算机 B 没有。试通过安装网络打印机,实现打印机共享,使计算机 B 可以使用计算机 A 的打印机完成打印任务。

(1) 在计算机 A 中设置打印机的共享属性。

选择"开始|设备和打印机"命令,出现如图9.24所示的窗口。右击准备用于网络共享的目标打印机(图中以 Microsoft Office Document Image Writer 为例),在出现的快捷菜单中选择"打印机属性"命令,出现如图9.25所示的对话框。

选择"共享这台打印机"复选框,共享名可以默认取打印机的名称,也可以重新设定共享打印机的名称。

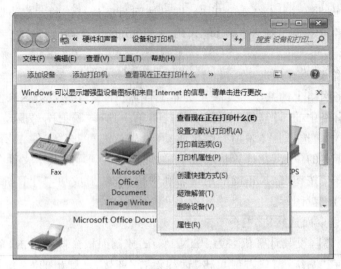

图 9.24　"设备和打印机"窗口

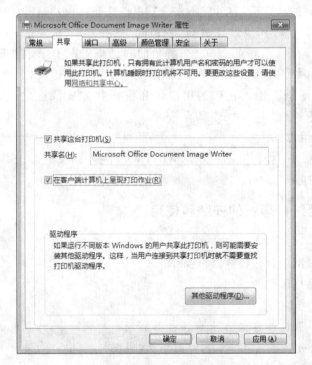

图 9.25　设置打印机共享属性

（2）在计算机 B 中安装网络打印机。

① 单击"开始|设备和打印机"命令，在出现的"设备和打印机"窗口工具栏中单击"添加打印机"按钮，出现如图 9.26 所示的对话框。

② 单击对话框中的"添加网络、无线或 Bluetooth 打印机"项，出现"添加打印机"窗口。系统将为计算机 B 搜索网上所有的提供共享服务的打印机，并将它们的名称和地址

以列表方式显示在窗口中。

③ 在列表中选择目标打印机,单击"下一步"按钮。按照系统的提示一步步地操作直至完成。添加成功后,计算机 B 的"设备和打印机"窗口中就会显示新添加的网络打印机项。

(3) 使用网络打印机。

在计算机 B 的"设备和打印机"窗口中,右击新添加的网络打印机项,从快捷菜单中选择"设定为默认打印机"命令,以后执行打印任务时,将自动启动这个打印机。因为计算机 B 是共享计算机 A 的打印机,因此必须输入计算机 A 的用户名和密码后,才能实现打印。

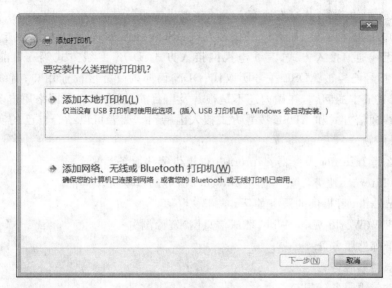

图 9.26　添加打印机

第 10 章　Internet 的使用

10.1　思　考　题

1. 什么叫上网？你是通过哪种方式上网的？

【答】　上网一般指用户通过某种上网方式，连通 Internet 的过程和状态。上网可以共享 Internet 中的资源，并享有所有 Internet 提供的服务。

上网的方式多种多样，如 PSTN 拨号方式、ISDN 拨号方式、ADSL 拨号方式、局域网接入方式、无线通信接入方式、有线电视网接入方式、DDN 专线方式等。目前 PSTN 拨号和 ISDN 拨号已经被 ADSL 拨号所取代；DDN 面向的是社区商业用户；有线电视网接入方式由其成本的问题，在国内还不是很普及。目前，国内大部分网络用户多采用局域网方式、无线通信方式和 ADSL 拨号方式接入因特网。读者可以结合自己的实际情况回答后面一个问题。

2. 什么是 Internet 服务器？Internet 可提供哪些服务？

【答】　Internet 服务器就是提供 Internet 服务的计算机。

目前 Internet 可提供的服务如下。

- WWW(World Wide Web,环球信息网)资源浏览；
- 电子邮件服务(E-mail)；
- 信息搜索服务；
- 文件传输服务(FTP)；
- 远程登录服务；
- 电子公告板系统(BBS)；
- 电子商务,电子政务,远程教育；
- 在线交流,在线娱乐,流视频服务,等等。

3. 拨号上网与通过代理服务器上网有什么区别？

【答】　拨号上网方式可以实现在串行线路上使用的 TCP/IP 协议的所有功能，这种方法能动态地赋予用户的计算机一个 IP 地址，临时变成 Internet 上的一台计算机，可以直接使用 Internet 资源。

通过代理服务器上网是指在局域网中的某个服务器自动代理客户端用户与 Internet 打交道，通过代理服务器实现客户与 Internet 的访问。这种方式要比拨号上网的方式速度快，效率高。

4. 什么是超级链接？鼠标指到超级链接时指针是什么形状？

【答】　超级链接是"超文本链接"的缩略语，是网页上最重要的元素，通过单击超级链接点，可以迅速从 WWW 的某一页面转到同一网站的另一页面或其他网站的某一页面。表示超级链接点的信息可以是带有下划线的文字或图像，甚至是动画等。

鼠标指到超级链接时指针将变成手的形状。

5. 总结网页的基本形式，以某网页为例评述它的优缺点。

【答】 网页可以包含文字、图形、图像、动画、视频、声音等多媒体信息，但网页的形式则没有一定之规，可以说是千奇百态、百花齐放。读者可以自行访问某些网站，并选定某一网页进行评述。

6. 总结如何加快浏览网页的方法，你平时用了哪些方法？

【答】 常见的加快浏览网页的方法有（注：这些方法不是绝对的，要根据具体情况，并注意适度，总结你自己在实践中使用的方法）以下几种。

(1) 在 IE 浏览器中选择"工具|Internet 选项"命令，在弹出的"Internet 选项"对话框中选择"常规"选项卡，如图 10.1 所示。在"主页"栏中，将每次开机后都要首先访问的站点设置成主页，这样每次启动 IE 浏览器后这个站点的主页就自动并迅速显示出来。但如果每次开启 IE 后可能访问不同的站点，在"Internet 选项"对话框中的"主页"栏还是单击"使用空白页"按钮较好，如图 10.1 所示。

(2) 单击图 10.1 中"浏览历史记录"栏中的"设置"按钮，出现"Internet 临时文件和历史记录设置"对话框，如图 10.2 所示，对"检查所存网页的较新版本"中 4 个选项按钮的选择也会影响到浏览网页的速度，例如，选中"从不"意味着当返回到以前查看过的网页时，IE 将不检查在上次查看以后网页是否已更改，选中该选项按钮将会提高已查看页的浏览速度。如果在选中该选项按钮后仍要查看网页的最新版本，可打开该页后，单击工具栏中的"刷新"按钮。

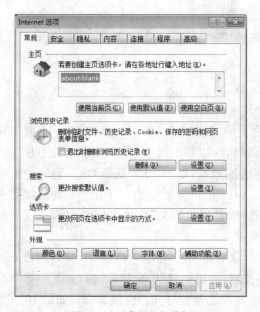

图 10.1 "常规"选项卡

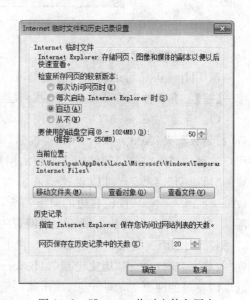

图 10.2 "Internet 临时文件和历史记录设置"对话框

(3) 图 10.2 中显示了设定的 Internet 临时文件夹使用的磁盘空间，该空间设置得大一些，也会提高网页的浏览速度，但也要适度。

(4) 图 10.2 中有"历史记录"栏,将"网页保存在历史记录中的天数"适当设置长些,也可以提高网页的浏览速度。

(5) 在"Internet 选项"对话框中选择"高级"选项卡,如图 10.3 所示,不勾选"多媒体"栏中的一些项目,即浏览网页时将不播放动画、视频、声音等,可以大大提高网页浏览的速度。

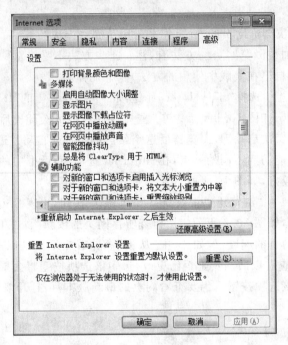

图 10.3 "高级"选项卡

(6) 经常整理硬盘上的文件碎片。

7. 用什么办法可迅速找到已浏览过的某网页?

【答】 有多种方法可以迅速地找到已经浏览过的网页。

(1) 借助"收藏夹"窗口。单击 IE 工具栏上的"收藏夹"(Favorites) 按钮,下面将出现"添加到收藏夹(Add to Favorites)"按钮,IE 窗口左边将出现"收藏夹"窗口,其中显示了用户收藏的经常需要访问的或感兴趣的网页链接列表,如图 10.4 所示,单击列表中所收藏的"凤凰网"名称,就可以迅速地在右窗口中打开相应的页面。单击"添加到收藏夹(Add to Favorites)"按钮右边的向下箭头,选择"整理收藏夹"命令可整理和归类收藏的网页,以增加网页查阅的方便和收藏网页的数量。

(2) 利用历史记录。单击 IE 工具栏上的"收藏夹"(Favorites)按钮,IE 窗口左边先出现"收藏夹"窗口,单击"历史记录"(History)按钮,可切换到"历史记录"窗口,其中将列出近期浏览过的网页的地址记录,单击某一记录可以迅速地打开相应的页面。如图 10.5 所示,单击历史记录中的"欢迎访问北京大学主页"(www.pku.edu.cn),右窗口可立即显示北京大学的主页面。当然,这些网页曾经的浏览时间要在历史记录所限定的时间范围内。例如,如果设定"网页保存在历史记录中的天数"为 20 天,那么,就无法用"历史记录"找到 20 天以前浏览过的网页了。

图 10.4　利用"收藏夹"窗口迅速找到已浏览过的某网页

图 10.5　利用"历史记录"迅速找到已浏览过的某网页

（3）利用地址栏。单击 IE 地址栏右边的向下箭头,将显示近期成功访问过的网页的地址列表,从中选择（单击）也可以迅速打开相应页面,如图 10.6 所示,选择列表中的"网易"地址"http://www.163.com",也将迅速打开"网易"的主页面。

图 10.6 利用"地址栏"中的网页地址列表

（4）利用网页链接按钮。在"收藏夹"工具栏的"收藏夹（favorites）"按钮右侧显示了一些经常需要访问的或喜爱的网页链接，只需单击网页链接按钮（图 10.7 中的"凤凰网"）即可显示相应站点，使用起来也非常快捷方便。添加当前网页的地址链接到"收藏夹"工具栏中的方法很简单：用鼠标拖动地址栏左端的网页图标到工具栏的适当位置，释放鼠标按键即可。

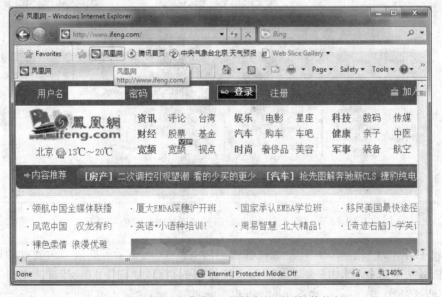

图 10.7 利用"收藏夹"工具栏中的网页链接按钮

8. 注意观察每个页面的地址,试总结一下它的书写格式有什么规律。

【答】 网页的组织结构是一种树形结构,因此网页地址的书写有一定的规律,前面常常是网站的地址,或者是网站地址的变形,后面多为资源的具体路径,路径格式通常由"目录/子目录/文件名"这样的结构组成。

具体如:凤凰网的网址是 http://www.ifeng.com,凤凰网资讯国际频道的地址是 http://news.ifeng.com/world,而凤凰网资讯国际频道中 2010 年 10 月 5 日某一条新闻对应的页面地址为 http://news.ifeng.com/world/detail_2010_10/05/2703279_0.shtml。

9. 什么是电子邮件地址?除了收发电子邮件外还可以用它做什么事情?

【答】 电子邮件地址是保存电子邮件的邮箱的标识,这种标识是唯一的,就像某个国家某个城市某个家庭的信箱一样。通过这种唯一标识的电子邮件地址,人们可以在网络上准确无误地收发自己的电子邮件。

电子邮件地址除了收发电子邮件,还可以作为唯一的用户标识验证用户的身份,例如,输入电子邮件地址和正确的密码,可以进入聊天室畅谈,注册为博客网站的新会员,在 BBS 中发帖子,进行网上购物,等等。

10. 简介域名、电子邮件地址、用户账号的用途。

【答】 域名是为了方便用户访问互联网而设置的统一的转换系统,域名是与 IP 地址建立对应关系的一种途径。一个完整的域名由几个层次所组成,不同层次之间用小圆点隔开,例如某公司的完整域名为 goldlion.com.cn 时,goldlion 是该公司所注册和拥有的域名,.com 和.cn 分别是机构域名和国家域名。域名前加上传输协议信息及主机类型信息就构成了 URL(统一资源定位器),例如 goldlion.com.cn 公司 www 主机的 URL 就是 "http://www.goldlion.com.cn"。

借此,任何人在世界的任何地方都可以访问该公司的网站。

同一个域名只能被注册一次,因此互联网上的域名是稀缺资源。由于可以利用企业品牌、名称等作为域名,所以域名和品牌之间也就形成了一定的关联,因此才会出现所谓的抢注域名等问题。

拥有电子邮件地址才可以在全球范围内收发电子邮件、预定新闻组等。

用户账号也是用户的一种唯一标识,用来区别相同邮件服务商的不同用户。电子邮件地址中"@"符号前面的部分即用户账号(也称为用户名、邮箱名)。用户账号可由用户自己选定,但需要经过邮件服务商网络管理程序的认可,以保证账号的唯一性和有效性。

在 Internet 上发送电子邮件,要有一个电子邮件地址和相应的密码,电子邮件地址供接收电子邮件用,密码供邮件服务商核对用户账号时使用。

11. 你知道自己使用的电子邮箱在哪个服务器上吗?

【答】 网络公司提供网页浏览的主机类型通常是 www 机;提供邮件服务的主机类型一般是 mail 机,大型网络公司还会按地区细分不同的邮件服务器。

例如电子邮件地址:zhangj0527@sina.com,表明邮箱在 sina 网上申请,该网主机域名为"sina.com",该网国内电子邮件的邮件服务器为 mail.sina.com.cn,或再细分不同地区的邮件服务器,从登录邮箱时的 URL 地址栏中可以了解所使用电子邮箱对应的服务器。

12. 利用某搜索引擎查找出 5 个发表有关 Internet 教材的站点。

【答】 可尝试利用 www. baidu. com、www. sohu. com 或 www. sina. com 等搜索引擎进行查找,如图 10.8 所示是用百度搜索到的有关 Internet 教材的站点。使用不同的搜索引擎查找到的站点一般是不同的。具体做法可参考本章练习四。

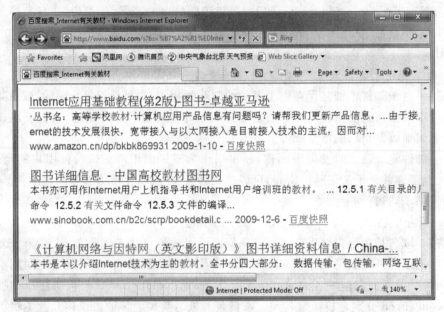

图 10.8　利用搜索引擎搜索有关 Internet 教材的站点

13. 在某个网站申请一个免费电子邮箱,订阅某个免费电子杂志。

【答】 可以到任何一个提供免费电子邮箱的网站,例如 www. 163. com、www. 126. com、www. sina. com 等申请一个电子邮箱,具体做法可参考本章练习六。提供免费电子杂志的网站也很多,而且处于经常性的变化中,所以不必死记网站名,需要时可以打开搜索引擎,输入查找的免费电子杂志的类型,便可以找到相应的网站,例如:订阅免费《青年文摘》电子杂志,可以访问 http://www. neide. org/list;订阅免费《新法规速递》电子杂志,可以访问 http://www. law-lib. com/maillist。

14. 在哪些领域里可以开展电子商务? 现在还有哪些不足?

【答】 从信息化发达的国家来看,电子商务的可开展领域是十分广泛的,例如:

- 旅游和旅行服务,如信息发布,旅店、宾馆房间、就餐预订,机票、车票预订,车辆出租业务等一系列有关的服务;
- 图书、音像及各类商品的批发、零售;
- 汽车、房地产、拍卖等交易活动;
- 计算机、网络、数据通信的软件和硬件的销售和相关的服务;
- 金融和证券业务;
- ……。

我国电子商务起步虽晚,但近几年得到较大发展,涉及的业务范围也越来越广,但不足和存在问题也比较明显,各种因素制约着电子商务的健康快速发展,例如:基础支撑体系不完善;缺乏统一的规范、标准;信用体系不完善;物流不畅;互联网接入的安全性和保密性不足;电子商务相关法律不健全;不同地区和不同企业在信息基础设施和信息化整体水平方面存在着较大的差异等。

15. 什么是 URL 地址? 怎样正确书写 URL,它有缩略形式吗?

【答】 URL(Uniform Resource Locator)译作"统一资源定位器"或"统一资源定位符",是因特网上标准的资源地址,用来指出某一项信息的所在位置及存取方式。它从左到右由下述部分组成。

- 计算机网络所使用的网络协议,或称 Internet 资源类型或信息服务方式。如"http://"表示使用 http 网络协议,也表示 www 服务器;"ftp://"表示使用 ftp 网络协议,也表示 ftp 服务器等等,默认为 http。
- 服务器地址。如"http://"后面紧跟着的就是网页所在的服务器域名。
- 端口(port)。对某些资源的访问,需给出服务器提供的端口号,但大部分情况是不需要给出端口号的。
- 路径(path)。指明服务器上某资源的具体位置(其格式与 DOS 系统中的格式一样,通常由目录/子目录/文件名这样的结构组成)。与端口一样,路径也可能省略。

URL 地址格式排列为:scheme://host:port/path,即"网络协议://服务器地址:端口号/文件路径"。

如果说 Internet 是浩瀚的大海,URL 就像航标灯,要访问 Internet 信息海洋中的特定对象,必须借助航标灯。

16. 网页打印与文本打印有什么不同?

【答】 网页打印和文本打印的不同之处在于:网页打印可以选择打印框架,可以选择是否打印链接的所有文档或打印链接列表,而普通的文本打印没有这些选项。网页打印的选项如图 10.9 所示。

图 10.9　网页打印选项

17. 激活窗口与利用"前进"、"后退"按钮翻动页面有何不同?

【答】 激活窗口与使用"前进"和"后退"按钮翻动页面的不同之处在于:单击"后退"

按钮返回的是用户上次查看过的 Web 页面,单击"前进"按钮则看到的是单击"后退"按钮前查看的 Web 页面;而激活窗口看到的是刷新后的 Web 页面。

18. 比较"历史记录"与"收藏夹"的区别。

【答】 "历史记录"与"收藏夹"的区别有以下几点。

(1)"收藏夹"是将用户经常需要访问的或感兴趣的网页保存起来,便于以后快速地访问这些网页,添加网页到"收藏夹"时还可以设定保存网页的内容,以便脱机时使用。"历史记录"只是将用户在某一段时间内浏览的网页地址全部保存起来,可按日期、站点、访问次数和当天的访问顺序等几种方式查看所有保存的网址历史记录,以便快速地找到曾浏览过的某些网页。

(2)"收藏夹"收藏网址必须手动完成(单击"添加到收藏夹"按钮,才可保存当前网址);"历史记录"则会在设定时间段内自动收藏浏览过的网页地址。

(3)"收藏夹"中收藏的网页除非手动删除,否则不会随时间发生变化;"历史记录"中收藏的网页凡浏览时间超出"网页保存在历史记录中的天数"的,会自动被清除。

19. 什么是 FTP 协议?它与 HTTP 协议功能上有何区别?

【答】 HTTP 和 FTP 是两种网络传输协议,FTP 是 File Transfer Protocol(文件传输协议)的缩写,HTTP 则是 Hypertext Transfer Protocol(超文本传输协议)的缩写。FTP 是专门为了在特定机器之间"传输"文件而开发的协议。利用 FTP 协议可以从某 FTP 服务器下载需要的文件。如果对方允许,也可以利用 FTP 协议把自己计算机上的程序或文件上传(upload)到某服务器上。在 FTP 服务器上,免费软件经常放在 pub 目录中。

HTTP 虽然也能用来文件传输,但主要还是用于浏览网页,即从服务器读取 Web 页面内容。

20. 通过什么方法可找到某文件所在的 FTP 服务器地址?

【答】 可以利用一些功能较强的搜索引擎,例如天网(http://www.tianwang.com),搜索时选择"FTP 资源"。另外还可以尝试使用 FTP 站点搜索器或 FTP 站点搜索工具等。

21. 简述 BBS 的基本功能及使用方法。

【答】 BBS(Bulletin Board System)是电子公告栏系统,是网络的 BBS 服务器上一个公用的信息存储区,供人们在此存取信息,讨论感兴趣的问题,发表意见和看法等。

BBS 站点有两种类型,一种是基于 UNIX 操作系统的;一种是基于 WWW 的,后者目前已发展为 BBS 的主流形式。

基于 WWW 的 BBS 的使用方法是:利用浏览器直接登录进而使用之。在浏览器地址栏中输入 http 协议及相关域名(或 IP 地址),例如,登录清华大学 BBS 站——水木清华站,可以在 IE 地址栏中输入"http://bbs.tsinghua.edu.cn",然后按 Enter 键,将出现"水木清华站"页面。一般 BBS 论坛允许"匿名"登录或作为"游客"登录,但要在论坛上发表或回复文章,必须是注册用户。非注册用户可以通过单击"申请",然后根据页面提示输入注册信息,等待管理员批准即获得用户账号和密码后,方可成为注册用户。

10.2 选 择 题

1. 下列协议中,用于文件传输的是(A)。
   (A) FTP　　　　(B) Gopher　　　　(C) PPP　　　　(D) HTTP
2. 下列服务器中,用于信息浏览服务的是(B)。
   (A) FTP　　　　(B) WWW　　　　(C) BBS　　　　(D) TCP
3. 下列中的(C)是正确的电子邮件地址。
   (A) http://www.263.net　　　　　　(B) 202.204.120.22
   (C) luxh339@126.com　　　　　　　(D) 北京大学 123 信箱
4. 下列中的(C)是电子公告栏的缩写。
   (A) FTP　　　　(B) WWW　　　　(C) BBS　　　　(D) TCP
5. 因特网中完成域名和 IP 地址转换的系统是(B)。
   (A) SLIP　　　　(B) DNS　　　　(C) POP　　　　(D) TCP
6. 调制解调器中调制是指(B),解调则是指(A)。
   (A) 把模拟信号转为数字信号　　　　(B) 把数字信号转为模拟信号
   (C) 把光信号转为电信号　　　　　　(D) 把电信号转为光信号
7. Internet 采用的通信协议是(D)。
   (A) SMTP　　　　(B) FTP　　　　(C) POP3　　　　(D) TCP/IP
8. Internet 的缺点是(A)。
   (A) 不够安全　　　　　　　　　(B) 不能传输文件
   (C) 不能实现实时对话　　　　　(D) 不能传输声音
9. 在因特网中,目前常用的浏览器软件是(A)。
   (A) IE 或 Firefox　　　　　　　(B) Netscape 或 Outlook Express
   (C) IE 或 Outlook Express　　　(D) IE 或 Netscape 或 Outlook Express

10.3 填 空 题

1. 通常把 Internet 提供服务的一端称为服务器端,把访问 Internet 一端称为客户端。
2. 在客户端进行浏览要安装浏览器软件。
3. 上传一般表示将本地计算机的应用程序或资料通过网络存储到 FTP 服务器所提供的存储空间中,下载表示从 FTP 服务器上复制应用程序或资料。
4. 要发送电子邮件,首先应该知道对方的电子邮件地址。
5. ISP 的含义是Internet 服务提供商。
6. URL 的含义是统一资源定位器。
7. www 服务器提供的第一个信息页面称为主页。
8. 脱机状态表示该计算机没有与 Internet 连接。

9. IE 浏览器中的收藏夹是IE 为用户准备的专门存放常用页面的文件夹。

10.4 上机练习题

练习一 连通 Internet 的基础操作

1. 练习目的

(1) 了解并熟悉浏览器软件的启动和退出方法。

(2) 了解并熟悉浏览器软件的使用方法。

(3) 掌握断开网络连接的方法。

2. 练习内容

(1) 在作好连通 Internet 的各种软硬件配置，并已上网的情况下，启动浏览器软件。

提示：可尝试用以下几种方法启动浏览器软件 Internet Explorer。

① 选择"开始|所有程序|Internet Explorer"命令。

② 单击桌面任务栏上的 图标。

(2) 登录"网易"网，观察网页画面，观察移动鼠标过程的指针变化。

① 在 IE 地址栏中输入地址：http://www.163.com，按 Enter 键。

② 观察网页画面的整体布局和动态变化情况。

③ 在画面中移动鼠标，当鼠标移经超级链接元素时将会变成手掌形状指针，这时单击鼠标左键，观察画面是否跳转到超级链接元素所链接的去处。

(3) 断开网络连接。断开网络连接前一般先关闭浏览器窗口，然后单击桌面任务栏通知区中的网络连接图标，在弹出的连接状态框中，右击网络连接方式，从快捷菜单中选择"断开连接"命令即可(注意：一次左键单击，一次右键单击)。

练习二 熟悉浏览器软件 Internet Explorer 的基本操作

1. 练习目的

(1) 了解 Internet Explorer 中"Internet 选项"的设置。

(2) 熟悉网页浏览的一般方法。

(3) 了解 IE 中"历史记录"和"收藏夹"的使用。

2. 练习内容

(1) 在脱机状态下，选择"工具｜Internet 选项"命令，在打开的对话框中查看各选项卡中的设置，比较与书中的参考值有何不同之处，并记下原始参数。

选择 IE"工具"菜单中的"Internet 选项"命令，或单击命令栏中的"工具"按钮选择"Internet 选项"命令，出现"Internet 选项"对话框，其中有 7 个选项卡，分别是"常规"、"安全"、"隐私"、"内容"、"连接"、"程序"和"高级"。图 10.1、图 10.10 分别为"常规"、"隐私"选项卡。

注意：如果 IE 窗口没有显示菜单栏和命令栏，可右击"收藏夹"按钮所在栏的空白处，从快捷菜单中勾选"菜单栏"和"命令栏"项即可。

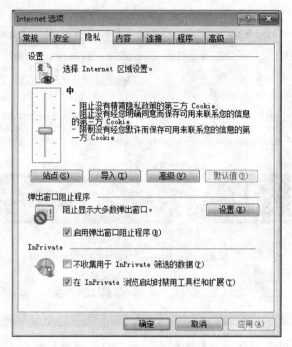

图 10.10 "隐私"选项卡

记下各选项卡中的参数设置,与书中介绍的内容进行比较。

① "常规"选项卡,关注以下几项的设置。

a. 主页的设置,可以设定 IE 主页为空白页;可以将当前浏览的网页设定为 IE 默认主页;也可以将第一次安装 IE 时设置的主页即默认页设定为 IE 主页。

b. 该选项卡最下方的 4 个按钮,即"颜色"、"字体"、"语言"、"辅助功能"的设置,将影响 IE 窗口的"字体"、"颜色"等。

c. Internet 临时文件和历史记录的设置,单击"浏览历史记录"栏中的"设置"按钮,出现图 10.2 所示的对话框,在这里可以更改临时文件要使用的磁盘空间的大小、临时文件存放位置等;可以更改网页地址保存在历史记录中的天数等。

② "安全"选项卡。在该选项卡中,可以为不同区域的 Web 内容指定安全级别。

③ "隐私"选项卡。在该选项卡中,可以通过移动滑块来为 Internet 区域选择一种隐私设置。设置范围由接受所有 cookie→低→中→中上→高→阻止所有 cookie。

④ "内容"选项卡。该选项卡中,可以控制在 Internet 上可查看的内容等。

⑤ "连接"选项卡。在该选项卡中可以进行"拨号设置"和"局域网设置"等。

⑥ "程序"选项卡。该选项卡用以指定 Windows 自动用于每个 Internet 服务的程序。

⑦ "高级"选项卡。在该选项卡中可以通过勾选的方式,对 IE 进行安全、多媒体、浏览等方面的一些高级设置。

(2) 浏览网易主页,查看关于新闻、军事、科技、体育等方面的内容。

① 在 IE 窗口的地址栏中输入 http://www.163.com,按 Enter 键,即可打开"网易"主页,如图 10.11 所示。

新选项卡

图 10.11 "网易"主页

②"网易"主页窗口上部为网易图标和导航栏目。移动鼠标到"新闻"处，出现手掌形状指针时，单击左键，即跳转到新闻页面，浏览完毕，单击工具栏中的"后退"按钮，可返回主页，单击"网易网"图标也可返回其主页。类似地，可以浏览军事、科技、体育等方面的内容。

(3) 浏览北京大学和清华大学主页，比较风格的异同。

① 在 IE 窗口的地址栏中输入 http://www.pku.edu.cn，按 Enter 键，即可打开"北京大学"的主页面。

图 10.12　IE 中的"历史记录"窗口

② 单击"新选项卡"按钮(如图 10.11 中所示)或按 Ctrl+T 键出现一个新的窗口，在地址栏中输入 http://www.tsinghua.edu.cn，按 Enter 键，即可在新窗口打开"清华大学"的主页面。

③ 比较两个窗口中两个高校主页风格的异同，可以从页面构成、图片选择、颜色定位、栏目设置等方面进行。

(4) 利用"历史记录"按钮，找一个喜欢的页面并把它设置成 IE 默认的主页。

① 单击"收藏夹"(Favorites)按钮，下面将出现"添加到收藏夹"按钮，且 IE 窗口左边出现"收藏夹"窗口，单击"历史记录"按钮，可切换到"历史记录"窗口，如图 10.12 所示，单击"今天"可显示当天曾浏览过的网

页的地址链接,其余类推。

② 单击历史记录中的一个网址链接,例如凤凰网 http://www.ifeng.com,可以迅速地打开相应的页面。

③ 在 IE 窗口选择"工具"菜单中的"Internet 选项"命令,并选择"常规"选项卡,如图 10.1 所示,在其"主页"栏中单击"使用当前页"按钮,再单击"确定"按钮,则当前显示的凤凰网主页面就成为 IE 默认的主页了,以后在连接网络的情况下,每次启动 IE,则立即显示凤凰网主页。

(5) 整理收藏夹,新建文件夹"新闻"、"教育"、"出国"等,并把收藏的相关网页链接分别移动到这些文件夹中。

① 在 IE 窗口中选择"收藏夹|整理收藏夹"命令,或单击"添加到收藏夹"按钮右边的向下箭头,选择"整理收藏夹"命令,如图 10.13 所示,打开"整理收藏夹"对话框,如图 10.14 所示。对话框中有 4 个按钮,分别为"新建文件夹"、"移动"、"重命名"和"删除"。单击"重命名"按钮,可以重新命名当前选定的文件夹或网页链接;单击"删除"按钮,可以删除当前选定的文件夹或网页链接。

图 10.13　选择"整理收藏夹"命令

图 10.14　"整理收藏夹"对话框

② 单击"新建文件夹"按钮,对话框中将出现一个名为"新建文件夹"的新文件夹,名字处于反显可编辑状态,如图 10.14 所示,输入"教育"按 Enter 键,则建立了一个"教育"文件夹。用同样的方法新建"新闻"、"出国"等文件夹。

③ 将收藏夹中的"Windows 主页(中国)"移到"收藏夹栏"文件夹中:可先选定"Windows 主页(中国)",然后单击"移动"按钮,即弹出一个"浏览文件夹"对话框,如图 10.15 中的前窗口,在该对话框中单击目标文件夹"收藏夹栏",单击"确定"按钮,"Windows 主页(中国)"链接随即移动到"收藏夹栏"文件夹中。用同样的方法可将收藏的一些网页链接分别移动到"新闻"或"教育"等文件夹中。分门别类整理收藏夹后,将方

便于快速找到需要的网页,也可以增加收藏网页的数量。

图 10.15　移动收藏夹中的网页链接

(6) 登录"清华大学主页",将其添加到收藏夹下的"教育"文件夹中。

① 在 IE 窗口的地址栏中输入 http://www.tsinghua.edu.cn,按 Enter 键,即可打开清华大学主页。

② 选择"收藏夹|添加到收藏夹"命令,弹出"添加收藏"对话框,单击"创建位置"栏的向下箭头,选择"教育",如图 10.16 所示,单击"添加"按钮。

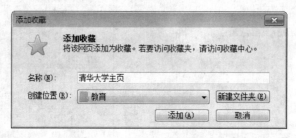

图 10.16　"添加收藏"对话框

练习三　浏览万维网——WWW 的基本操作

1. 练习目的

(1) 掌握浏览 WWW 的基本操作。

(2) 掌握保存网页内容的方法。

2. 练习内容

(1) 直接访问 http://www.edu.cn 页面。

提示:在 IE 窗口的地址栏中输入 http://www.edu.cn,按 Enter 键,即可打开中国教育和科研计算机网的主页面。

（2）把当前页设置成 IE 的默认主页。

① 在 IE 窗口选择"工具 | Internet 选项"命令，或单击"工具"按钮选择"Internet 选项"，弹出"Internet 选项"对话框，选择"常规"选项卡。

② 在"常规"选项卡的"主页"栏中，单击"使用当前页"按钮，则当前的中国教育和科研计算机网的主页面就成为 IE 的默认主页。

（3）新打开 3 个窗口：一个窗口显示"中国日报"主页；另一个窗口显示"人民日报"主页；第三个窗口显示"国务院新闻办公室"主页。比较各网页的风格，把从中国日报中看到的一段新闻以 TXT 文本形式保存到磁盘上。

① 在 IE 窗口的地址栏中输入 http：//www．chinadaily．com．cn，按 Enter 键，即可打开"中国日报"的主页面。

② 单击"新选项卡"按钮或按 Ctrl＋T 键出现一个新的窗口，在地址栏中输入 http：//www．people．com．cn，按 Enter 键，即可在新窗口中打开"人民日报"即"人民网"的主页面。

③ 单击"新选项卡"按钮或按 Ctrl＋T 键出现一个新的窗口，在地址栏中输入 http：//www．scio．gov．cn，按 Enter 键，即可在另一新窗口中打开"国务院新闻办公室"主页面。

④ 比较以上这些主页风格的异同，同样可以从页面构成、图片选择、颜色定位、栏目设置等方面进行。

⑤ 切换窗口到"中国日报"主页，浏览一段新闻，要以 TXT 方式保存其内容，可以执行"文件 | 另存为"命令，弹出一个"另存为"对话框，在其中选择"保存类型"为"文本文件（＊．TXT)"，指定文件保存位置、文件名，最后单击"保存"按钮即可。

注意：保存网页内容还有一些其他方法，例如，①在网页窗口中执行"文件 | 另存为"命令，选择"保存类型"为"网页，全部（＊．htm；＊．html)"。②在网页中选定需要的内容，执行"复制"命令，再"粘贴"到 Word 或记事本中，保存为 TXT 文件。

练习四　信息搜索的操作练习

1. 练习目的
（1）掌握信息查找的基本操作。
（2）掌握从网上下载有用信息的方法。

2. 练习内容
（1）利用"百度"搜索引擎，查找包含"太阳"关键字的资料。

① 在 IE 地址栏中输入 http：//www．baidu．com，按 Enter 键，打开"百度"的网页搜索页面，如图 10.17 所示。

② 在搜索文本框中输入"太阳"，单击"百度一下"按钮，将显示搜索到的与"太阳"相关的网页链接，翻页寻找并指向感兴趣的链接（出现手掌形指针），如图 10.18 所示，单击可进一步接近需要的资料。

图 10.17　百度搜索引擎页面

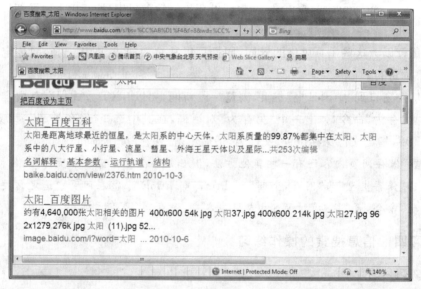

图 10.18　显示搜索结果

（2）检索何处有 WinRAR 程序，并下载它。

①在"百度"的网页搜索文本框中输入"WinRAR"，单击"百度一下"按钮，显示搜索结果如图 10.19 所示。

②单击图中"WinRAR 3.93 简体中文正式版 下载……"的超级链接，弹出相应网站，如图 10.20 所示，单击"下载地址"的向下箭头，从中选择一个下载地址后，将弹出一个"文件下载"对话框，如图 10.21(a)所示，单击"保存(Save)"按钮并在本机中选择一个保存文件的目标位置，单击"保存"按钮后开始下载程序，如图 10.21(b)所示，直至完成。

图 10.19　显示 WinRAR 搜索结果

图 10.20　打开下载 WinRAR 的网站

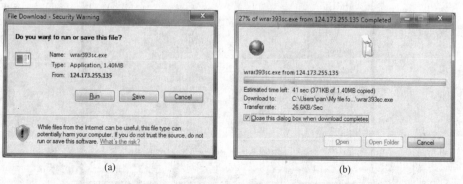

(a)　　　　　　　　　　　　　(b)

图 10.21　下载 WinRAR 共享软件

练习五　下载和上传文件的操作练习

1. 练习目的

(1) 比较利用浏览器下载文件和利用专门软件下载软件的不同。

(2) 初步了解文件上传的方法。

2. 练习内容

(1) 利用某些网站的 FTP 文件服务器下载文件。

① 在 IE 浏览器的地址栏中输入 ftp://ftp.pku.edu.cn/，从北京大学 FTP 文件服务器上下载文件。

② 在 IE 浏览器的地址栏中输入 http://dl.pconline.com.cn/，登录太平洋电脑网的文件下载中心页面，下载 FlashGet(专用下载软件)或其他试用软件、共享软件或免费软件。

③ 利用 IE 浏览器和下载软件 FlashGet 下载 Thunder.exe(迅雷) 软件，并进行比较。

(2) 查找、下载并安装 CuteFtp 文件。

提示：本练习请参考练习三和《计算机应用教程(Windows 7 与 Office 2003 环境)》(清华大学出版社)10.3 节的介绍。

练习六　使用电子邮件

1. 练习目的

(1) 了解免费电子邮箱的申请方法。

(2) 学会使用电子邮箱。

2. 练习内容

(1) 在 Windows Live Hotmail 上申请一个免费 Hotmail 电子邮箱。

① 在 IE 的"收藏夹"窗口中单击 Windows Live 文件夹，再单击选择 Windows Live Hotmail 或"Windows Live 共享空间"，可打开如图 10.22 所示的窗口，单击"注册"按钮，可注册一个登录 Hotmail、Messenger 等的 Windows Live ID。

图 10.22　Windows Live ID 注册

② 注册免费邮箱的第一步要输入邮箱名(也称邮件用户账号或用户名),如图 10.23 中所示例的,输入练习者自己设计的邮箱名,单击"检测可用性"按钮,确认可用后,再继续下面步骤。

图 10.23　注册过程

③ 在"创建密码"、"再次键入密码"等栏目中输入信息后,输入所看到的"注册验证"用字符,单击"我接受"按钮,表示同意 Microsoft 服务协议和隐私声明,即可完成注册。注册成功后即显示 Windows Live 共享空间的界面,单击 Hotmail 可打开如图 10.24 所示的窗口,并收到一封来自 Hotmail 团队的信。单击发信人或邮件的标题,可以打开邮件阅读之;单击"新建"链接可进入新建电子邮件的界面。

图 10.24　注册成功并进入 Hotmail 的收件箱

注意：其他网站免费电子邮箱的申请办法大同小异，可以尝试多申请几个电子邮箱，并分别作为不同用途，如有的邮箱用于家人朋友通信用，有的邮箱用于公务等，这样有利于邮箱管理，提高生活和工作的质量。

（2）使用新申请的电子邮箱给自己和同学们同时发一封带有附件的邮件。

① 当再次上网时，要利用 Hotmail 收发邮件，可以在 IE 地址栏中输入 http：//www.hotmail.com，按 Enter 键，打开"Hotmail 注册"窗口，输入新申请的 Windows Live ID 和密码后，按 Enter 键或单击"sign in"，即可打开用户的 Windows Live 主页窗口，如图 10.25 所示，指向 Hotmail 选择"发送电子邮件"或在"Hotmail 热点"下单击"发送电子邮件"链接，均可打开编辑新邮件的窗口，如图 10.26 所示。

图 10.25　用户的 Windows Live 主页

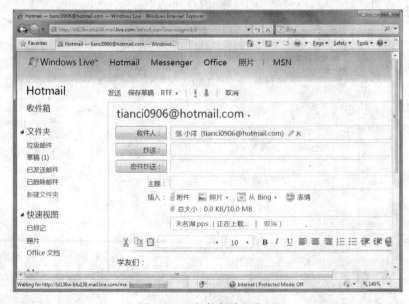

图 10.26　邮件创建和发送

② 发一封带有附件的邮件给自己和同学们,要完成以下几项。

- 在"收件人"栏:输入自己的电子邮件地址。
- 在"抄送"栏:输入同学们的电子邮件地址(单击右侧的"显示'抄送'和'密件抄送'栏"链接,可显示此栏和下面的栏)。
- 在"密件抄送"栏:可输入某些电子邮件地址(这些地址的收件人将只能看到"收件人"的电子邮件地址和自己的电子邮件地址,看不到其他人的信息)。
- 输入邮件主题内容:主题鲜明容易引起收件人的注意,另外缺主题的邮件有时会被收件人误当成垃圾邮件直接删除掉。
- 添加附件:在"插入"栏单击"附件"超链接,打开"选择文件"对话框,选定待添加的文件后,单击"打开"按钮,邮件编辑窗口显示文件开始上传直至完成的过程。
- 在正文栏的文本框中编写正文内容。

以上几项完成后,单击"发送"按钮,随即发送出邮件。在张小洋的收件箱中应该马上就能接收到这封邮件,尝试打开之,并下载邮件附件,验证练习的结果。

练习七 网上交流的操作练习

1. 练习目的

(1) 了解 BBS 的登录和用法。

(2) 了解其他网上交流的方法。

2. 练习内容

(1) 选择一个 BBS,浏览它的分类讨论区。

① 在 IE 地址栏中输入 http://bbs.tsinghua.edu.cn,按 Enter 键,将出现"水木清华站"页面,如图 10.27 所示,如果已经申请注册过,可输入用户名、密码,单击"登录"按钮;也可以单击"匿名"按钮作为游客进入。

图 10.27 BBS 水木清华站

② 单击窗口中的"分类讨论区",打开如图 10.28 所示的窗口,选择一个讨论区,例如"社会信息",再选择一个感兴趣的题目,了解讨论的内容,尝试加入讨论。

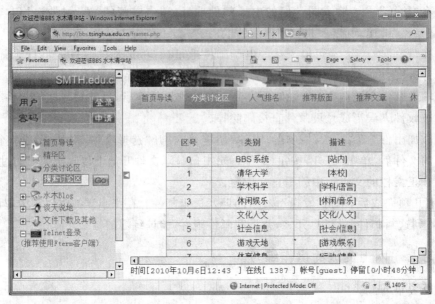

图 10.28 分类讨论区

(2) 选择一个聊天室,观看人们在讨论什么事情,如果有兴趣自己也可以加入讨论。

提示：在 IE 地址栏中输入 http://chat.qq.com,按 Enter 键,可打开"QQ 聊天室"页面,如图 10.29 所示,了解聊天室情况,并尝试加入一个话题的聊天。

图 10.29 "QQ 聊天室"页面

第 11 章　信息检索与利用

11.1　思　考　题

1. 广义的信息检索和狭义的信息检索的概念的差别是什么？

【答】　广义的信息检索(Information Retrieval)包含信息存储和信息查找两个过程。信息存储是对信息进行收集、标引、描述和组织，并进行有序化编排，形成信息检索工具或检索系统的过程；信息查找则是根据用户的需要找出有关信息的过程。

狭义的信息检索仅仅指信息查找的过程，即借助于检索工具从信息集合中找出所需信息的过程，相当于人们所说的信息查询(Information Search)。

信息检索的过程往往需要一个评价反馈途径，多次比较匹配，以获得最终的检索结果。

2. 一次文献、二次文献、三次文献有何区别？

【答】　按照文献的加工层次，人们习惯将文献分为一次文献、二次文献、三次文献。

(1) 一次文献：是人们直接从生产、科研、社会活动等实践中产生出来的原始文献，是获取文献信息的主要来源。一次文献包括期刊论文、专利文献、科技报告、会议录、学位论文、档案资料等，具有创新性、实用性和学术性等特征。

(2) 二次文献：是在一次文献的基础上加工后产生的产品，是检索文献时所利用的主要工具。它是将大量分散、零乱、无序的一次文献进行整理、浓缩、提炼，并按照一定的逻辑顺序和科学体系加以编排存储，使之系统化形成的。二次文献具有明显的汇集性、系统性和可检索性，它的重要性在于使查找一次文献所花费的时间大大减少。其主要类型有题录、目录、文摘、索引等。

(3) 三次文献：是对现有成果加以评论、综述并预测其发展趋势的文献。通常是围绕某个专题，利用二次文献检索搜集的大量相关文献，对其内容进行深度加工而成，具有较高的实用价值。属于这类文献的有综述、评论、评述、进展、动态等。

3. 按检索对象的信息组织方式划分，信息检索的类型有哪些？

【答】　按检索对象的信息组织方式划分，信息检索可分为全文检索、超文本检索和超媒体检索。

(1) 全文检索：是将存储在数据库中的整本书、整篇文章中的任意内容信息查找出来的检索。可以根据需要获得全文中的有关章、节、段、句、词等的信息，也可进行各种统计和分析。

(2) 超文本检索：是对每个节点中所存的信息以及信息链构成的网络中信息的检索。强调中心节点之间的语义连接结构，靠系统提供的工具进行图示穿行和节点展示，提供浏览式查询，可进行跨库检索。

(3) 超媒体检索：是对存储的文本、图像、声音等多种媒体信息的检索。它是多维存储结构,与超文本检索一样,可提供浏览式查询和跨库检索。

4. 信息检索的途径有哪些?

【答】 信息检索的途径与文献信息的特征和检索标识相关。根据文献的外部特征和文献内容特征,信息检索的途径分为两大类。

文献的内容特征是指文献所载知识信息中隐含的、潜在的特征,如分类、主题等,此类检索途径更适宜检索未知线索的文献。

(1) 根据文献的外部特征,信息检索有以下途径。

① 题名途径:可查找图书、期刊、单篇文献。检索工具中的书名索引、会议名称索引、书目索引、刊名索引等都提供了从题名进行文献检索的途径。

② 责任者途径:包含个人责任者、团体责任者、专利发明人、专利权人、合同户、学术会议主办单位等。

③ 号码途径:据文献信息出版时所编的号码顺序来检索文献信息的途径。特定编号如技术标准的标准号、专利说明书的专利号、科技报告的报告号、合同号、任务号、馆藏单位编的馆藏号、索取号、排架号等。

(2) 根据文献的内容特征,信息检索有以下途径。

① 分类途径:是以课题的学科属性为出发点,按学科分类体系来查找文献信息,以分类作为检索点,利用学科分类表、分类目录、分类索引等按学科体系编排的检索工具来查找有关某一学科或相关学科领域的文献信息。

② 主题检索:以课题的主题内容为出发点,按主题词、关键词、叙词、标题词等来查找文献。以主题作为检索点,利用主题词表、主题目录、主题索引等按主题词的字顺编排的检索工具来查找有关某一主题或某一事物的文献信息,能满足特性检索的需求。

③ 分类主题索引:是分类途径与主题途径的结合。

检索方法的选择需要根据检索目的、条件、检索要求和检索课题的特点。信息检索的常用方法包括常用法(分顺查、倒查、抽查 3 种方式)、回溯法和综合法。

5. 国内、外常用的学位论文数据库有哪些? 各自的主要功能是什么?

【答】 国外常用的学位论文数据库有 PQDD(ProQuest Digital Dissertations) 博士、硕士论文数据库,该数据库是美国 ProQuest Information and Learning 公司(原为 UMI 公司) 提供的国际学位论文文摘数据库的 Web 版,是国际上最具权威性的博士、硕士学位论文数据库。网址是 http://proquest. umi. com/pqdweb/。PQDD 有人文社科版和科学与工程版,收录了欧美 1000 余所高校文、理、工、农、医等领域的 160 万篇博士、硕士论文的题录和文摘,其中 1977 年以后的博士论文有前 24 页全文,同时提供大部分论文的全文订购服务。该数据库每年大约新增 47 000 篇博士论文和 12 000 篇硕士论文。

国内有关学位论文的数据库主要有以下几个。

(1) 万方数据资源系统(http://www. wanfangdata. com. cn),可供检索所有学位论文、期刊论文、会议论文等。

(2) CNKI 中国知网(http://www. edu. cnki. net/),设有中国博士学位论文全文数据库和中国优秀硕士学位论文全文数据库。

(3) CALIS 的学位论文库(http://www. calis. edu. cn)。CALIS 是中国高等教育文

献保障系统(China Academic Library & Information System)的简称,1998 年以来,引进和共建了一系列国内外文献数据库,包括大量的二次文献库和全文数据库;采用独立开发与引用消化相结合的道路,主持开发了联机合作编目系统、文献传递与馆际互借系统、统一检索平台、资源注册与调度系统,形成了较为完整的 CALIS 文献信息服务网络。

2003 年,CALIS 组织国内多所高校引进了 ProQuest 的博士论文 PDF 全文,并在 CALIS 上建立了 PQDD 本地服务器,网址是 http://proquest.calis.edu.cn/,为国内读者使用博士论文全文提供了方便。

CALIS 建立的 PQDD 本地服务器,其检索方法与 PQDD 英文界面基本相同。

(4) 国家科技图书文献中心(http://www.nstl.gov.cn/)的中文、外文学位论文数据库。

(5) 论文资料网(http://www.51paper.net/index.htm),可查询毕业论文、学位论文以及经济管理类的参考资料和数据。

(6) 中国民商法律网(http://www.civillaw.com.cn),许多栏目如"民事法学"、"商事法学"、"程序法学"等均设有"论文选粹"栏目。

6. 特种文献有哪几种类型?在哪些方面具有特殊性?采用的主要检索方式有哪些?

【答】 特种文献指有特定内容、特定用途、特定读者范围、特定出版发行方式的文献,包括会议文献、学位论文、专利文献、政府出版物、科技报告、技术档案、技术标准、产品资料等。下面是特种文献的一些主要类型。

(1) 会议文献。指在学术会议上宣读或交流的论文及其他资料。会议结束后,通常会将这些会议文献结集出版,如会议录、会议论文集、会议论文汇编等。

(2) 学位论文。指高等学校或科研机构的本科生、研究生为获得学位,在导师指导下所撰写的学术论文,包括学士学位论文、硕士学位论文和博士学位论文。学位论文讨论的问题比较专深,一般都有一定的独创性,博士学位论文多具有创建性的科研著述。

(3) 专利文献。狭义的专利文献是指由专利部门出版的各种专利出版物,如专利说明书、权利要求书;广义的专利文献还包括说明书摘要、专利公报以及各种检索工具书、与专利有关的法律文件等。

(4) 行政性文件和科技文献。前者包括报告、会议记录、法律、法令、条约、规章制度、议案、决议、通知、统计资料等,后者包括科研报告、科普资料、科技政策、技术法规、技术档案、技术标准等。

特种文献中的一部分作为图书或连续出版物或期刊论文正式出版或发表,更多的则以非正式出版方式发行;另外其内容新颖专深、实用性强、信息量大、参考性高。

特种文献信息的网络检索主要通过数据库检索方式和专门网站的检索方式来实现。

7. 查找英文文献引用、被引用情况,通常采用的数据库检索系统是什么?如何使用?

【答】 通常采用的数据库检索系统是 ISI(http://www.isiknowledge.com)网络数据库检索系统,可以进行简单检索或全面检索。

Easy Search(简单检索)中提供 Topic Search(主题检索)、Person Search(人名检索)、Place Search(地址检索)3 种检索途径。通过主题、人名、单位、城市名或国别检索相关文献,每次检索最多可显示 100 条最新的记录。在进行检索之前允许用户选择数据库。

Full Search（全面检索）提供较全面的检索功能，分 General Search（普通检索）和 Cited Reference Search（引文检索）两种，并可以对文献类型、语种和时间范围等进行限定。

11.2 选　择　题

1. 以下搜索引擎中（ A ）一般不归属于索引式搜索引擎，而归属于目录式搜索引擎。

　　（A）搜狐（http://www.sohu.com/）

　　（B）Google（http://www.google.com/）

　　（C）百度（http://www.baidu.com/）

　　（D）必应 Bing（http://cn.bing.com/）

2. 截词检索方式中若按截断的位置来看，一般有（ D ）方式。

　　（A）后截断　　　（B）中截断　　　（C）前截断　　　（D）以上三种

3. 若要查询有关手机的信息，但不希望找到同名《手机》电影的信息，应选用（ A ）搜索方式更合适。

　　（A）手机 NOT 电影　　　　　（B）手机 OR 电影

　　（C）手机＋电影　　　　　　（D）手机 AND 电影

4. 小王有一个旧的 MP3 音乐播放器想卖掉，于是想到了现在流行的网上购物进行交易，你建议他到（ C ）网站出售。

　　（A）Google　　　（B）百度　　　（C）淘宝网　　　（D）必应 Bing

5. 特种文献包括会议文献、（ D ）、专利文献、标准文献、科技报告、政府出版物、产品样本和产品目录以及档案。

　　（A）图书　　　　（B）期刊　　　　（C）报纸　　　　（D）学位论文

6. 在非常了解文献的主要内容的情况下，最好选择（B）检索途径进行检索。

　　（A）题名　　　　（B）主题　　　　（C）作者　　　　（D）出版单位

11.3 填　空　题

1.《中图法》是《中国图书馆分类法》的简称，已普遍应用于全国各类型的图书馆，《中图法》分为5 大部类、22 个大类。

2. 计算机信息检索系统可以分为脱机检索系统、联机检索系统、光盘检索系统和网络检索系统。

3. 计算机信息检索的常用技术有布尔逻辑检索、截词检索、字段限制检索等。

4. 以文献内容为检索特征，信息检索途径可分为分类途径、主题检索、分类主题索引。

5. 搜索引擎包括目录式搜索引擎、索引式搜索引擎和元搜索引擎。

11.4   上机练习题

练习一   利用自己喜欢的搜索引擎搜索自己的名字

1. 练习目的

进一步熟悉搜索引擎及其使用方法。

2. 练习内容

（1）选择并启动自己喜欢的搜索引擎。

提示：目前有很多功能强大的搜索引擎，例如百度、Google、Bing 等。可以选择任一个，例如搜索引擎 Bing，在浏览器窗口的地址栏中输入 http://www.bing.com.cn，按 Enter 键即可打开图 11.1 所示的窗口。

图 11.1   Bing 搜索引擎窗口

（2）选择"网页"，在文本框中输入自己的名字后，按 Enter 键或单击"搜索"按钮即可显示搜索结果，即一些相关的网页链接。

练习二   利用搜索引擎的地图搜索功能搜索自己正就读的大学地址

1. 练习目的

熟悉搜索引擎的地图搜索功能及其用法。

2. 练习内容

（1）利用百度的地图搜索功能搜索北京大学的地址。

提示：在浏览器的地址栏中输入 http://www.baidu.com，按 Enter 键即可打开百度的窗口。选择"地图"，在文本框中输入"北京 北京大学"，按 Enter 键或单击"百度一下"按钮即可显示搜索结果，如图 11.2 所示。

图 11.2　百度搜索引擎窗口

（2）利用 Google 的地图搜索功能搜索北京大学的地址。

提示：在浏览器的地址栏中输入 http://www.google.com，按 Enter 键即可打开 Google 的窗口。选择 Maps，并在文本框中输入"北京大学地址"，按 Enter 键或单击 Search Maps 按钮即可显示搜索结果，如图 11.3 所示。

图 11.3　Google 搜索引擎窗口

练习三　利用搜索引擎的图片搜索功能搜索桌面图片

1. 练习目的

熟悉搜索引擎的图片搜索功能及其用法。

2. 练习内容

(1) 利用百度的图片搜索功能搜索"秋天"的桌面图片。

提示：在浏览器的地址栏中输入 http://www.baidu.com，打开百度窗口。选择"图片"，并选择文本框下面的"壁纸"，在文本框中输入"秋天图片"，如图 11.4 所示，按 Enter 键或单击"百度一下"按钮即可显示搜索结果，如图 11.5 所示。

图 11.4　在百度窗口设置搜索对象的类型

图 11.5　秋天桌面图片的搜索结果

(2) 利用 Google 搜索"秋天的桌面图片"的相关网址。

提示：打开 Google 窗口，选择 Web，并在文本框中输入"秋天的桌面图片"，按 Enter 键或单击 Search 按钮即可显示搜索结果，如图 11.6 所示，单击其中的一个网址链接，即可查看相关的图片。

图 11.6　Google 搜索的"秋天的桌面图片"的相关网址

练习四　利用搜索引擎查找"文后参考文献著录格式"

1. 练习目的

熟悉搜索引擎的文献搜索功能及其用法。

2. 练习内容

利用百度的搜索功能搜索与"文后参考文献著录格式"有关的内容。

提示：在浏览器的地址栏中输入 http://www.baidu.com，打开百度窗口。选择"网页"，在文本框中输入"文后参考文献著录格式"，按 Enter 键或单击"百度一下"按钮，显示搜索结果如图 11.7 所示，单击某些链接可以了解"文后参考文献著录格式"的有关内容。

练习五　使用 CNKI 中国期刊全文数据库

1. 练习目的

了解中国期刊全文数据库 CNKI 的功能及用法。

2. 练习内容

利用中国期刊全文数据库 CNKI，查找 2008 年以来有关"大学生素质教育"方面的论文。操作提示如下。

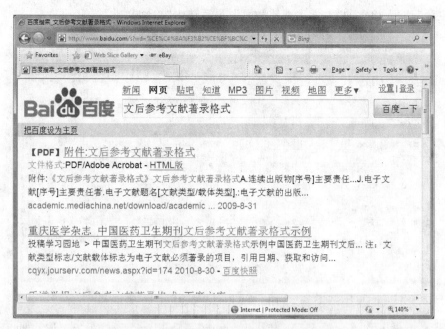

图 11.7　用百度搜索"文后参考文献著录格式"

　　(1) 在浏览器窗口的地址栏中输入中国知识基础设施工程(CNKI)的网址 http://www.cnki.net，按 Enter 键，出现如图 11.8 所示的"中国知网"的窗口。

图 11.8　"中国知网"的窗口

　　(2) 单击"中国学术期刊网络出版总库"链接，出现如图 11.9 所示的窗口。按图中所示，在"输入检索控制条件"中设定"期刊年期"、"来源类别"等；在"输入内容检索条件"中选定"主题",输入检索词"大学生素质教育",最后单击"检索文献"按钮。

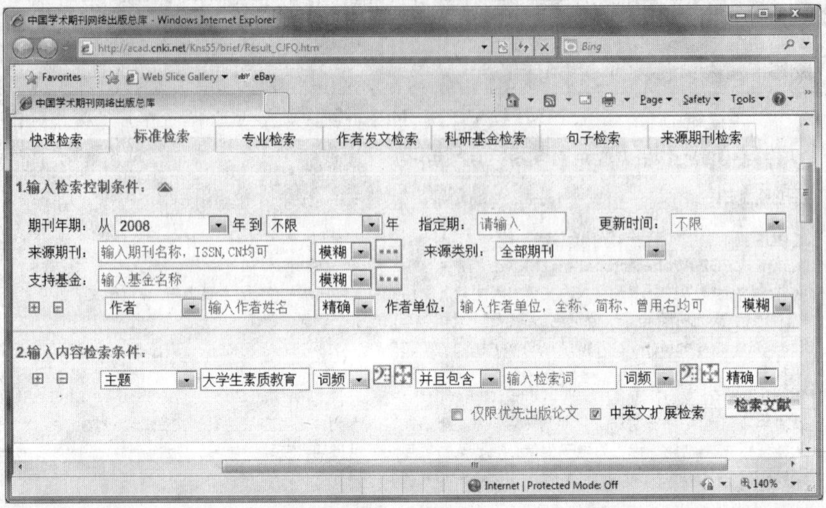

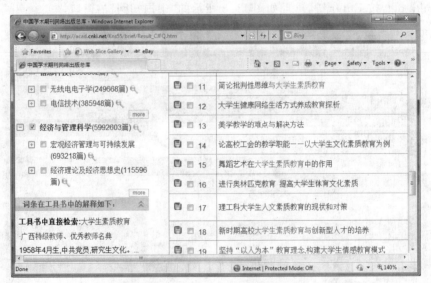

图 11.9 "中国学术期刊网络出版总库"窗口

（3）数据库将以列表方式给出所检索到的论文的序号、篇名、作者、刊名、期刊年/期等，如图 11.10 所示。欲了解论文更详细的情况，可以单击有关的链接；还可以将检索的列表结果"存盘"输出。

图 11.10 以列表方式给出检索结果

练习六 使用搜索引擎必应 bing

1. 练习目的

（1）熟悉搜索引擎必应 bing 的使用。

（2）保存搜索到的信息。

2. 练习内容

利用搜索引擎必应 bing,查询"所在年(例如 2010 年)国家公派留学外语考试时间安排"方面的信息,保存报名时间安排、考试时间安排、报名手续等有关信息。操作提示如下。

(1) 在浏览器地址栏中输入·http://www.bing.com.cn,按 Enter 键,可打开图 11.11 所示的窗口,选择"网页",在文本框中输入"2010 年国家公派留学外语考试时间安排",按回车或单击"搜索"按钮,即显示一些有关的网页链接,如图 11.12 所示。

图 11.11　搜索引擎必应 bing 窗口

图 11.12　查询到的相关链接

(2) 单击图 11.12 中的第一个网页超链接,打开如图 11.13 所示的窗口,显示了考试日期和语种、报名日期、报名办法、报名及考试地点、考试成绩发送办法等内容。

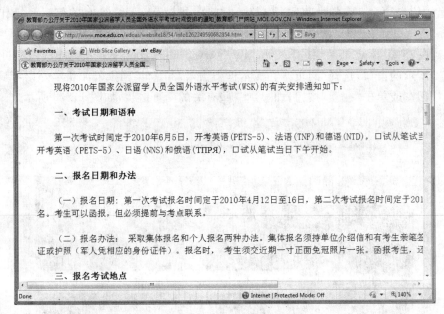

图 11.13　查询结果显示

(3) 为保存搜索到的信息,可以采用以下方法之一。

① 选择"文件"菜单中的"另存为"命令,保存网页信息到 .txt 文件中。

② 在页面中选定需要的信息内容,执行"编辑|复制"命令;另打开 Word 或其他文字编辑软件,执行"编辑|粘贴"命令,并保存到一个文件中。

练习七　利用 PQDD 检索学位论文

1. 练习目的

了解利用 PQDD 检索学位论文的基本方法。

2. 练习内容

利用 PQDD 检索 North Carolina State University(北卡罗来纳州立大学)Helen 同学的博士学位论文题目及其论文的主要内容(文摘)。

本练习请参考《计算机应用教程(Windows 7 与 Office 2003 环境)》(清华大学出版社)11.3.3 节的叙述。

第 12 章　网上虚拟空间——个人信息网上的展示与交流

12.1　思　考　题

1. 网上虚拟空间指的是什么？

【答】　网上虚拟空间是网络时代出现的一种新的人际交流方式和空间。宽带互联网和移动网络迅速普及后出现的博客、微博、网络聊天、网上交友、网络社区、网络游戏、网络文学、网络论坛等是一些新的人际沟通、娱乐方式,这些新的人际交流方式形式新颖、内容丰富又十分方便快捷,对人与人之间传统的交往方式产生了巨大冲击,并已成为越来越多人生活的重要组成部分。新的交往方式使得人们的生活空间无限延展,形成了相对独立于现实世界的网上虚拟空间。

2. 在个人博客上都能做哪些事情？

【答】　"博客"(Blog)是以网络作为载体,简易、迅速、便捷地发表自己的心得、想法、看法,及时、有效、轻松地与他人进行交流的综合性平台。这种平台可以展示丰富多彩的个性,是继 E-mail、BBS、ICQ 之后出现的一种新的工作、生活、学习和交流方式,被称为"互联网的第四块里程碑"。

在博客上都能做哪些事情？这是个见仁见智的问题,大致有以下的回答。

- 可以用来展示自我个性,发挥个人无限的表达力,可以将个人工作过程、生活故事、思想历程、闪现的灵感等及时记录和发布。
- 可以发表个人的想法、看法和心得,包括发表对时事新闻、国家大事的个人看法,也可以发表基于某一主题所进行的创作,有时则是一群人集体参与的创作。
- 可以博览天下大事、小事,可以百家争鸣,各抒己见,感受不同思想的撞击,通过交流产生更多的思想火花,相互提高。
- 可以以文会友,结识和汇聚朋友,寻找认同感,进行深度交流沟通。

博客既有私人性,更具有公共性,它绝不仅仅是纯粹个人思想的表达和日常琐事的记录,它所提供的内容、想法、经验可以用来进行交流,与人分享和为他人提供帮助,是可以包容整个互联网的,具有极高的共享精神和价值。

3. 在新浪网上查找排名前十位的博客网站,思考他们的排名为何靠前？

【答】　目前国内比较大的博客网站有:新浪博客、QQ 空间、网易博客、博客网、百度空间、搜狐博客、天涯博客、博客大巴、和讯博客、CSDN blog、51 博客等。

有的博客网站易用性好,开通和登录的操作非常简单,设置和管理也方便易学,往往通过几个简单的设置就可以得到个性化的空间;有的博客网站主页内容十分丰富,集互动、文化、娱乐及休闲为一体,为广大的博客们提供了一个功能强大的综合性平台;有的博客网站版面风格简洁而条理清晰,模板精致美观;有的博客网站定位明确,信息针对性强,网页上的内容对用户群也很有帮助,除了技术型很强的文章外,也有一些较有深度的评论性文章,在业界内部名声出众,影响力较大……。

总之,众多博客网站百花齐放,各有所长,读者可以在新浪网、百度网等搜索引擎上查找排名前十位的博客网站,分析它们排名靠前的原因。

4. 什么是微博?其主要特点是什么?

【答】 微博是微博客的简称,是一种非正式的迷你型博客,也称之为"一句话博客",它是一种可以即时发布消息的系统,其最大的特点就是集成化和 API 开放化。用户可以通过移动设备、IM 软件(MSN、QQ、Skype 等)和外部 API 接口等途径,随时随地把文本以及多媒体信息向微博发布,供他人分享。2006 年 6 月第一个微博网站 Twitter 在美国成立。

微博的主要特点如下。

(1) 单篇博文的长度限定在 140 个汉字以内。

(2) 发布形式灵活、时效性强。用户可以借助接入互联网的计算机,也可通过手机等移动设备随时随地发布博文。

(3) 用户跨设备互动性强。Web 终端用户可以方便地同手机终端用户进行互动。

5. 比较博客与微博的异同点。

【答】 微博与博客的区别有以下几点。

(1) 博客比较正式,强调版面布置,博文的字数可长也可短;微博的内容则有长度限制(一般小于 140 字符),甚至可以由只言片语组成。

(2) 博客只支持计算机联网发布信息;微博则开通多种 API,发布形式灵活,大量用户能够通过手机、网络等方式来立刻更新自己的个人信息,比较便捷。

(3) 在博客上撰写博文,技术要求、语言编排组织等方面的要求相对高些;而使用微博,只需会使用手机发短信就可以。由于微博发布形式灵活,时效性强,可实时提供现场的一些信息,可记录用户某一刻的心情,某一瞬间的感悟,另外微博还能巧妙组织起碎片化的信息,以完成对某个事情的完整报道和传播。

6. 在 Windows Live Space 上能做哪些事情?

【答】 在 Windows Live Space 空间里,可以创建个人网站、随时随地撰写文章抒发感受;可以制作自己的网络相册、自定义自己的空间,充分地展现自我,让朋友、家人了解自己的心情和想法,可以说 Windows Live Space 就是一个网上交流中心。

7. Windows Live Space 共享空间通过哪些设置体现个性化理念?

【答】 当用户从 Windows Live Space 网站获得 Windows Live 共享空间之后,可以进行的一件有趣的事情就是将其个性化,为此可以作如下设置。

使标题和标志行个性化:用标题和标志行来表达自己当天的感觉,或者标明自己最喜欢的话或标语。更改标题和标志行,可以在标题和标志行模块中单击"编辑",在出现的对话框中输入新标题和标志行,并根据所需对字体样式、大小、颜色和对齐方式进行更改。

使模块个性化:可以在你的共享空间中添加多种不同的模块项目,包括博客、相册或各种列表,例如喜欢的电影等。要添加模块,可以单击"自定义",选择"添加模块",然后在希望显示的项目旁单击"显示"即可,添加后可以在共享空间中移动这些模块,以后还可以随时将不需要的模块隐藏起来。

使布局、主题等个性化：布局指共享空间中的列的数量和大小，主题指可以添加到共享空间中的预先设置的颜色、字体和背景图像等。这些都可以通过"自定义"下面的选项来完成。

使背景图像个性化：可以使用自己的照片或其他图片或图形作为共享空间的背景图像。单击"自定义|高级|背景图像|为该页使用自定义图片"，然后单击"浏览"查找计算机中要用作共享空间背景的图像。

网络上的事物总是处于动态变化中，读者必须通过自己的尝试、实践，才能体验到最新的、最实际的状况。

8. 简述 QQ 空间的主要特点和功能。

【答】 腾讯 QQ 空间有以下的特点和功能。

(1) QQ 空间与 QQ 软件结合紧密，可以通过 QQ 一键进入并管理空间。

(2) 功能比较全面，日志、相册、评论等一应俱全。

(3) 能提供多种受大家喜爱的娱乐游戏，如开心农场、抢车位等。

(4) 集成网络日志、相册、音乐盒、神奇花藤、互动等专业动态功能，更可以合成自己喜欢的个性大头贴。

(5) 有各式各样的皮肤、漂浮物、挂件等大量装饰物品，可以随心所欲更改空间装饰风格。

9. 目前版本的豆瓣网上有几个功能区？列举各功能区的主要功能。

【答】 目前版本的豆瓣网有 5 个功能区，显示在页面顶部。5 个功能区为豆瓣社区、豆瓣读书、豆瓣电影、豆瓣音乐和九点，主要功能简述如下。

(1) 豆瓣社区。这个功能区类似于共享空间。

(2) 豆瓣读书。其栏目分为豆瓣读书首页、豆瓣猜、排行榜、分类浏览、书评等。在此功能区可以查看以社区内用户评论多少为排序依据的书目排行榜；可以分类浏览书目简介并查看书评。此外，系统还可根据用户过去在网站内的收藏和评价等行为，向用户推荐相关书目。随着用户的收藏和评价的增多，系统给出的推荐会越准确和丰富。

(3) 豆瓣电影。其栏目与豆瓣读书相似。在此功能区可记录用户想看的、在看的和看过的电影、电视剧，并能对其所看的电影、电视剧打分、添加标签和写评论。系统也可以根据用户在网站留下的兴趣痕迹，推荐类似的电影。

(4) 豆瓣音乐。其功能与"豆瓣读书"和"豆瓣电影"两者类似。其中的豆瓣电台类似于一个简易的收音机，它是用户的私人电台，后台机器人会不断模仿和学习听众的口味，判断听众真正想听的音乐。新听众用最喜欢的歌手来启动电台，即可享受 24 小时的私人音乐服务。它区别于"在线随机播放器"，不可暂停，不可回放，更不可预期。目前使用 iPhone(iPod Touch)可通过 WiFi 或 3G 网络随时随地收听豆瓣电台。

(5) 九点。豆瓣九点是对博客的记录、分享和评价。这是豆瓣除了传统的电影、音乐、读书以外，又探索的一个新的领域。"九点"一直秉承着"物以类聚，人以群分"的理念，依照阅读的偏好和兴趣帮助用户从纷繁复杂的数据中过滤出适合的信息。

此外，在豆瓣网的任何地方看到别的用户，都可以单击名字或头像，去查看她(他)的简单介绍、收藏、推荐和发表过的评论，单击"加为朋友"按钮，可以使其成为自己的友邻。

10. 开心网的目标定位是什么?

【答】 开心网创建于 2008 年 3 月,是目前中国最大、最具影响力的社交网站之一。它以实名制为基础,为用户提供日志、群、即时通信、相册、集市等丰富强大的互联网功能体验,满足用户对社交、资讯、娱乐、交易等多方面的需求。

开心网的目标定位是帮助更多人开心一点。

12.2 选 择 题

1. (D)被称为是"互联网的第四块里程碑"。
    (A) E-mail   (B) BBS   (C) ICQ   (D) Blog

2. "博客"一词是从英文单词(C)翻译而来。
    (A) Log   (B) Weblog   (C) Blog   (D) Boke

3. 单篇新浪微博博文一般限定在(B)个汉字。
    (A) 50   (B) 140   (C) 130   (D) 100

4. "@"这个符号在微博里的意思是(A)。
    (A) 向某某人说   (B) 在某某地方
    (C) 和某某在一起   (D) 无特殊含义

5. 注册用户以实名制为基础的网站是(A)。
    (A) 开心网   (B) 新浪博客   (C) 豆瓣网   (D) QQ

12.3 填 空 题

1. 豆瓣网可通过用户的收藏和评价来"推测"用户的喜好并提供类似的产品推荐。

2. 豆瓣网的网址是 http://www.douban.com,开心网的网址是 http://www.kaixin001.com。

3. 博客就是一个以网络作为载体,简易、迅速、便捷地发表自己的心得,及时、有效、轻松地与他人进行交流,集丰富多彩的个性化展示于一体的综合性平台,通常由简短且经常更新的帖子构成,这些帖子一般是按照年份和日期倒序排列的。中文"博客"一词,作为名词指Blog(网志)和Blogger(撰写网志的人),也可作为动词,指撰写网志的行为。

4. 微博被称为"一句话博客"。

5. 截止到 2009 年 9 月底,开心网居中国社交网站(Social Network Site,SNS)第一名。

12.4 上机练习题

练习一 在博客网站上注册账号并发表博文

1. 练习目的
掌握博客和微博的基本使用方法。

2. 练习内容

(1) 在新浪博客上注册一个账号。

(2) 登录博客网站,进行博客页面的简单设置。

(3) 在博客上发表一篇博文,将它推荐给自己的好友,同时查看好友的博客留言。

(4) 通过新浪博客账号开通新浪微博。

(5) 尝试使用手机发送一条消息到自己的微博上。

练习提示:新浪博客的网址为 http://blog.sina.com.cn,登录新浪博客主页后,单击导航条下面的"开通新博客"按钮,弹出注册新浪博客页面,如图 12.1 所示,按要求填写邮箱名称、会员信息等个人信息后即可完成个人博客页面的注册。之后的练习请参考《计算机应用教程(Windows 7 与 Office 2003 环境)》(清华大学出版社)12.1.1 节的叙述。开通新浪微博则请参考 12.1.2 节的叙述。

图 12.1　注册新浪博客界面

练习二　使用 Windows Live 共享空间或 QQ 空间

1. 练习目的

掌握 Windows Live 共享空间或 QQ 空间的基本使用方法。

2. 练习内容

(1) 注册 Windows Live 共享空间或 QQ 账号。

(2) 根据自己的喜好设置空间的布局、呈现模块和主题。

(3) 熟悉网站的基本操作方式。

(4) 向空间上传照片。

(5) 发表一篇日志,日志中包括表情、图片、音乐、视频和 Flash 等文件。

练习提示：Windows Live Space 的登录网址为 http://spaces.live.com，必须使用 Windows Live ID 才能登录创建的 Windows Live Space 共享空间。Windows Live ID 可以通过注册免费的 MSN Hotmail 账户获得，也可以使用已有的电子邮件地址注册。使用移动设备访问 Windows Live Space 的网址是 http//mobile.spaces.live.com。之后的练习请参考《计算机应用教程（Windows 7 与 Office 2003 环境）》（清华大学出版社）12.2.1 节的叙述。

练习三　体验豆瓣网

1. 练习目的

熟悉豆瓣网的基本使用方法。

2. 练习内容

（1）在豆瓣网上注册为用户。

（2）使用"豆瓣社区"的搜索引擎搜索自己喜爱的一本书，撰写书评并发表到豆瓣网上。

（3）回忆自己喜欢读的书目，在"豆瓣读书"功能区发表书评，体验"豆瓣猜"能否正确判断并按照自己的兴趣推荐书目。

练习提示：豆瓣网的网址为 http://www.douban.com，首页如图 12.2 所示，单击图中所示的"加入我们 注册"按钮，在豆瓣快速注册页面填写 Email 地址、密码、名字等即可完成注册。之后的练习请参考《计算机应用教程（Windows 7 与 Office 2003 环境）》（清华大学出版社）12.3.1 节的叙述。

图 12.2　豆瓣网主页